U0612614

能量和运动

不列颠图解科学丛书

Encyclopædia Britannica, Inc.

中国农业出版社

图书在版编目（CIP）数据

　　能量和运动 / 美国不列颠百科全书公司编著；李莉
, 朱建廷译. —— 北京：中国农业出版社, 2012.9（2016.11重印）
　　（不列颠图解科学丛书）
　　ISBN 978-7-109-17013-1

　　Ⅰ.①能… Ⅱ.①美… ②李… ③朱… Ⅲ.①能－普
及读物②运动学－普及读物 Ⅳ.①O31-49

　　中国版本图书馆CIP数据核字(2012)第194761号

Britannica Illustrated Science Library
Energy and Movement

© 2012 Editorial Sol 90
All rights reserved.

Portions © 2012 Encyclopædia Britannica, Inc.

Photo Credits: Corbis

Illustrators: Sebastián D'Aiello, Nicolás Diez, Gonzalo J. Diez

www.britannica.com

不 列 颠 图 解 科 学 丛 书
能量和运动

© 2012 Encyclopædia Britannica, Inc.
Encyclopædia Britannica, Britannica, and the thistle logo are registered trademarks of Encyclopædia Britannica, Inc.
All right reserved.
本书简体中文版由Sol 90和美国不列颠百科全书公司授权中国农业出版社于2012年翻译出版发行。
本书内容的任何部分，事先未经版权持有人和出版者书面许可，不得以任何方式复制或刊载。
著作权合同登记号：图字 01-2010-1429 号

编　　著：美国不列颠百科全书公司
项 目 组：张 志 刘彦博 杨 春
策划编辑：刘彦博
责任编辑：刘彦博 黎春花
翻　　译：李 莉 朱建廷
译　　审：张鸿鹏
设计制作：北京亿晨图文工作室（内文）；惟尔思创工作室（封面）
出　　版：中国农业出版社
　　　　　（北京市朝阳区农展馆北路2号 邮政编码：100125 编辑室电话：010-59194987）
发　　行：中国农业出版社
印　　刷：北京华联印刷有限公司
开　　本：889mm×1194mm 1/16
印　　张：6.5
字　　数：200千字
版　　次：2013年3月第1版 2016年11月北京第2次印刷
定　　价：50.00元

版权所有 翻印必究 （凡本版图书出现印刷、装订错误，请向出版社发行部调换）

能量和运动

目　录

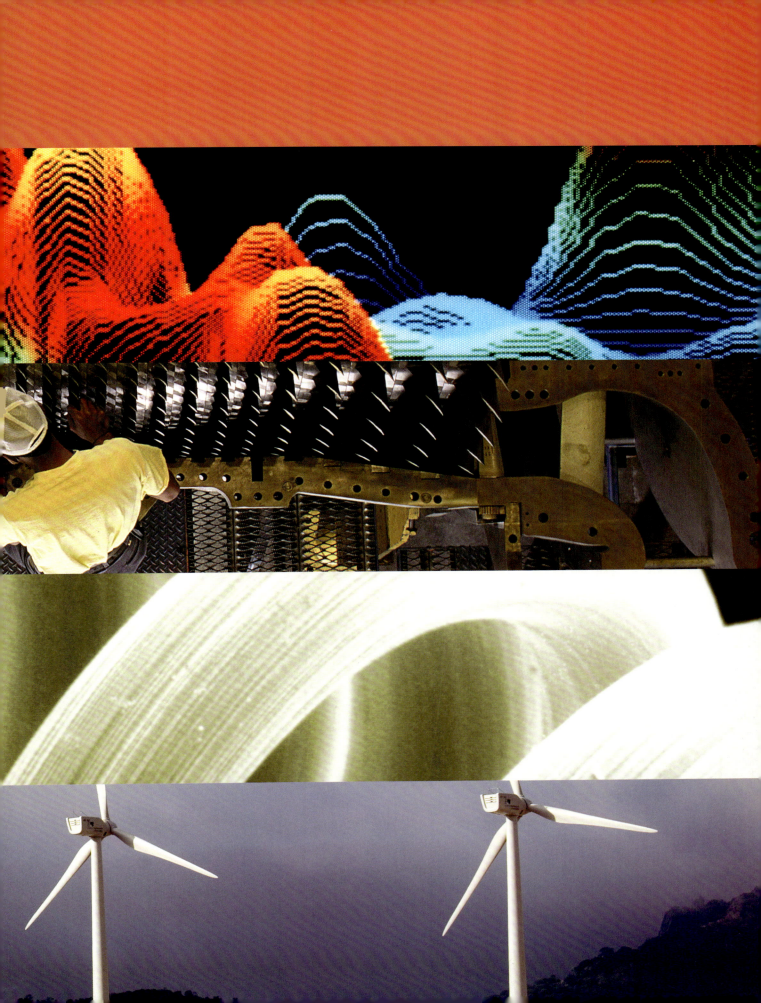

推动世界的引擎

那一刻已被人们永久的遗忘，但毫无疑问，那一刻是如此地接近人类起源，人们从那一刻开始自问世界是如何运行的，它又是由什么构成的。对这些问题的早期答案是以超自然解释的形式出现的。但是，随着知识的增长，人们发现某些物理定律在支配着自然，而且事实上这些定律是人类智慧可以掌握的。

本书汇集了由最早的那两个基本问题引发的所有发现。这些发现都是数千年来不断求证、犯错的艰苦研究的成果。这是一段绵延百年的误解史，也是为那些提出革命性观

能量流
能量是一种物理实体，以不同的形式处处存在。能量以及物质构成了宇宙发生的所有现象的基础。

念的科学家带来欢呼、有时候甚至带来死亡的历史。

我们将从探索事物是由什么组成开始。在我们的假想实验室里，我们将分析不同物质和元素的特性。在一台虚拟显微镜的帮助下，我们将研究具有化学元素特性的最小物质单位原子，以及在过去几十年所发现的所有构成原子粒子的基本粒子。我们还应该根据它们的主要特征对元素和分子进行分类，分析影响我们日常生活的所有物质，比如塑料和金属。

我们专门用一章的篇幅来讲述那些新出现的、令人惊异的物体，比如气凝胶、碳纤维和纳米管等。接下来，在天才艾萨克·牛顿的引导下，我们将探索物体以何种方式移动及其原因，以及物体移动的力量来自何处。我们还将探索大自然最大的奥秘之一——引力。

随后，我们要学习增加力量的技巧，以及如何以这种方式简化那些对人类而言很繁重甚至不可能完成的工作。然而，如果没有能量，力量或运动都是不可能存在的。因此，在本书的后半部分，我们将专门用一些篇幅来研究能量。我们会发现我们可以根据能量的特点对其进行分类，并以非常简单且富有启发性的方法来解答一系列常会遇到、但答案十分复杂的问题，比如"什么是光""什么是热"，以及"什么是火"。我们应该非常认真地研究声、电以及磁性等现象。利用阿尔伯特·爱因斯坦的杰出的相对论理论，我们将会了解，常规的物理定律在巨大的力量或质量面前会有不同的表现，就像它们发生在宇宙层面时那样。我们还会了解到，空间和时间对于每件事物或每个人并非总是相等的，也不是常数，它们会随情况的不同而变化。当我们在分子或原子层面上研究自然时，将发现某些类似的东西。这可以让我们准备好接触量子力学世界，一个神奇的领域，颇像爱丽丝通过一面窥镜进入仙境漫游探险。这个世界将为我们展现很多难以置信的现象，比如粒子可以穿越障碍，以及粒子看起来会同时出现在两个不同的地方。

在结束这次奇妙的科学和想象之旅之前，我们将全面回顾人类可用的各种能源。我们应该研究每种能源（绿色的、污染性的、可再生的以及不可再生的能源）的优势和劣势，包括那些尚未找到，但是能在未来为我们打开更清洁之门的能源。只要你喜欢，随时可以开始这次神奇的旅行：你只需翻开这本书。●

元素和物质

在 大约2 500年前，希腊哲学家德谟克利特有一个伟大的想法，他突然想到所有物体都是由小的不可分的粒子组成的，并将这种粒子称为原子。几乎就在同一时期，其他的希腊哲学家则认为，所有物体都是四种基本元素土、气、水和火

纳米科学

扫描隧道显微镜（STM）能够穿透所有微观世界。而可见光的波长厚度为380纳米，也就是说，它不适用于分子世界。

组合的结果。现在我们知道原子可以分割，而我们周围的物质是92种自然元素的组合。我们还将更深入地了解物质结构以及原子结合的方式，这有助于我们创造新的材料，比如质量更轻也更结实的结构以及导电性能更好的电缆。●

物 质

任何占有一定空间并有一定质量的物体都可以视为物质。根据这个定义，物质就是人类感官能够感觉到的某种东西，但也不排除那些看不见或摸不到的，比如空气或亚原子粒子。它包括宇宙中任何可以测量到的物理实体。但是事实上，物质和能量之间的区别很复杂，因为物质可能具有与波浪（能量）类似的特性，而能量可能有与粒子类似的特性。此外，自从阿尔伯特·爱因斯坦之后，我们知道物质和能量是可以互换的，如他那著名的方程式所示：$E=mc^2$。●

发展

▶ 在经典定义中，任何有质量的物体都视为物质，而物质由原子构成。早在2 000多年前，古希腊人就开始怀疑物质是由原子构成的。

物质的三种状态

▶ 物质有三种基本状态：固态、气态和液态。状态的变化基本上取决于温度和压力。

原子

电子

电子键

限值
高于……

4 000℃
5 000℃
6 000℃
7 000℃
8 000℃
9 000℃
10 000℃
11 000℃
12 000℃

4 500℃，这时没有固态存在。

6 000℃，没有液态（只有气态）。

10 000℃，物质只能以离子状态存在。

升华

逆升华

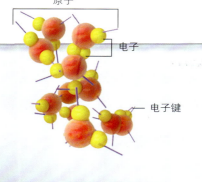

德谟克利特
希腊哲学家，出生于公元前5世纪中叶，是原子论学说的创始人。他认为万物本原是由两种元素组成：存在（即由个体原子构成）和非存在（即虚无，原子在其中运动）。他设想原子的大小、形状、位置以及它们结合或分离的能力不同，并由原子组成其他物体。他认为人类的灵魂由轻原子构成，而身体以及其他物体则由其他较重的原子构成。

−273.15℃ ③ 固态

这个温度就是所谓的"绝对零度"，根据经典物理学，在这个温度下粒子会停止所有运动。绝对零度只局限于理论上，可以无限接近，但从没有完全达到过。

粒子获得结晶状结构。固态物体不能压缩，而且有自己的形状。

① 气态

粒子没有形成晶状结构。

分子之间几乎没有黏合力，可以自由运动。

气态物质充满容器内的全部空间。

升华

物质可以不经历液态过程而直接从固态变化到气态，这个过程称为升华。比如，干冰（固态二氧化碳）就会产生这种升华现象。

特殊状态

物质至少还会出现两种其他非正常形态。

等离子体

此种状态涉及高温下的气体，其中的原子发生裂变，电子从原子核中分离出来。这种特性让等离子体具有特殊性能，比如导电能力。等离子存在于太阳大气圈或荧光管中。

玻色—爱因斯坦凝聚

这是接近绝对零度时产生的现象，1995年首次在实验室实现。物质根据其成分获得特殊性能，比如超导电性、超流动性或能够减慢光速的巨大能力。

暗物质

这是最大的科学奥秘之一。研究人员已经从宇宙的引力现象推断出暗物质比现有探测手段可探测到的多很多。他们甚至认为绝大多数宇宙物质都以这种形式存在。

反物质

这种物质首先在科幻小说中被提出来。但是最近几十年不仅已经证明了反物质的存在，实际上还在实验室中创造出了这种物质。其假设是宇宙中的每个粒子都有一个相同的副本，但是电荷相反。如果粒子及其反粒子相遇，它们会彼此湮灭并产生能量脉冲。

② 液态

粒子不形成结晶结构，也不自由运动。

它们之间的结合要比气态时更强。

液态物体具有流动性，其形状会随盛放容器的形状而改变。

90%

各种假设理论都认为宇宙中90%的物质是暗物质，也就是说，宇宙中可观测到的物质可能不会超过总量的10%。

冷凝

蒸发

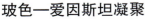

融化

结冰

物质的特性

不同类型的物质具有不同的特性，它们的用途也不一样。比如，钛既轻又坚固；铜导电性好，能够制成电缆所用的导线；塑料不会受到酸的腐蚀，可以用于制造容器。关于物质特性和特点的举例数不胜数。●

广延性质

这些特性与物质的量相关，凭借这些特性可以对物质的实体和系统进行分类，但是它们本身对于确认物质或材料的类型并没有帮助。

1 体积
指物质所占的空间。在液态情况下，体积通常以升为单位。立方米（米^3）通常用于表示固体体积。

2 质量
通常定义为一个物体中所呈现的物质的数量。然而对物理学家而言，这个概念有时候会更加复杂。在经典物理学中，质量是一个恒定的度量标准，以千克为单位。

3 重量
重力也是确定重量的一个要素，因为重量涉及重力对一个物体施加的力量。这个物体的质量越大，重量也越大。同样的，重力越大，重量也就越重。

安德斯·摄尔修斯
瑞典物理学家和天文学家，生于1701年。除了对北极光和地球形状的两极扁平问题研究作出贡献之外，他最知名的贡献是温度计，将水的沸点和冰点作为测量的两个参考点。他将0值赋值到沸点，而将100赋值到冰点，中间分为100个刻度。后来，他的瑞典同事卡尔·冯·林奈（也称为卡尔·林奈）将此标度倒转过来，这就是我们今天所用的摄氏温标。摄尔修斯于1744年逝世，年仅43岁。

不同重量，相同质量

 宇航员穿着太空服在地球上平均重170千克。

 在月球上，重力只有地球上的1/6，宇航员的重量将少于30千克，这样宇航员才可能跳跃。

但是，宇航员的质量在地球上与在月球上保持不变。

14亿吨

这是体积为1立方厘米的中子星在地球上的重量。中子星是宇宙中已知密度最大的物体。1立方厘米相当于半块方糖。

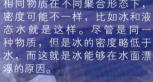

相同物质在不同聚合形态下，密度可能不一样，比如冰和液态水就是这样。尽管是同一种物质，但是冰的密度略低于水，而这就是冰能够在水面漂浮的原因。

强度性质

此类特性并不取决于物质的数量，而是取决于物质的种类。在某些情况下，它们是两种广延性质的组合。以下是几个举例。

4 密度

密度源自物体的质量和体积之间的关系。在定义中，水的密度为1 000千克/立方米。

物质	密度（千克/立方米）
水	1 000
油	920
地球行星	5 515
空气	13
钢	7 850

油

水

当水和油混合在一起时，由于水的密度高于油，因此它会沉降到容器的下部。

5 溶解度

溶解度是指某些物质能够溶解于其他物质的能力。这些物质可能是固体、液体或气体。溶解度还取决于温度。

泡腾片剂中含有能够溶解于水的盐，反应的结果是释放出一种气体（一般是二氧化碳）。该气体不溶于水这种介质，以气泡的形式逸出。

6 硬度

硬度是指一种物质对另一种物质的抗刮刻能力。硬度值更高的物质能够刻划硬度值相对较小的物质。

莫氏硬度

莫氏硬度应用于矿物学，根据数据表确定矿物的硬度。

矿物	硬度
云母	指甲滑过表面就能留下划痕。
石膏	指甲能够留下划痕，但是难度较大。
方解石	可以用硬币留下划痕。
萤石	用刀子可以产生划痕。
磷灰石	用一定力量按住刀子可以在上面留下划痕。
正长石	用钢砂纸可以留下划痕。
石英	能够在玻璃上留下划痕。
黄晶	能够在石英上留下划痕。
刚玉	能够在黄晶上留下划痕。
钻石	最硬的自然矿物。

7 熔点

通常定义为固体变成液体时的温度。但是，熔点的正确定义是同一物质的液态和固态平衡共存时的温度。

8 沸点

一般定义为液态物质变成气态时的温度。但是，更准确的说法是一种液体可以达到的最高温度。这个参数取决于物质的类型以及压强。

9 传导性

传导性是物质允许电流、热量或声音通过的能力。金属一般都是很好的电导体。铜就是一个很好的例子，它经常用于电缆。

10 其他特性

除了上面提到的特性之外，还有很多其他用于对物质进行分类的强度特性。这些特性包括折射率、抗拉强度、黏性和延展性。

原　子

在很长一段时间里，人们认为原子是宇宙中不可分割的基本粒子，但是现在人们不再这么想了。现在众所周知原子是由更小的粒子所组成，而这些粒子还可以分割成更小的粒子、更原生的粒子。不过，原子仍然被视为保持元素化学特性的最小组成部分。例如，金原子是保持黄金特性的最小粒子。如果分割一个原子，其所产生的质子、电子和中子与形成其他元素原子的质子、电子和中子并无不同。●

微小系统

原子由3种粒子组成，即质子、中子和电子，它们互不相同，尤其是所带电荷的类型不同。前二者（质子和中子）形成原子核，而电子以非常高的速度环绕原子核运行。

电子
电子环绕原子核运行，它们带负电荷。电子远小于质子和中子。中性原子带有的旋转电子数量与原子核中的质子数量一样多。

原子序数
质子数（＋）决定原子序数。例如，氮的原子序数为7，因为它有7个质子。

约瑟夫·约翰·汤姆森
英国物理学家，生于1856年，他于1897年发现了电子。这项发现对科学有着极为重要的意义，因为证实了原子不是不可分割的实体的设想。虽然汤姆森甚至成功地计算了电子的质量，但是他始终没有提出一个具有说服力的原子结构模型。他的同事在数年后完成了这项工作。基于电流在气体中的运动实验，他获得了1906年的诺贝尔物理学奖，1940年逝世。

原子核
原子核由质子（带正电荷）和中子（不带电荷）组成。一般情况下质子和中子的数量相同，但也有特殊情况。

质子

中子

第1电子层
该层最多有2个电子。

第2电子层
该层最多有8个电子。

1
这是氢的质子和电子数量。氢是自然界最轻也是最丰富的元素。

能级
电子分层分布，与原子核之间的距离不等。在同一电子层轨道的2个电子，即使轨道不同，但是到原子核的距离相等。

虽然此图中的轨道类似，但实际上它们可能发生或多或少的偏心。

1 840个

电子的质量总和与1个质子的质量相同。

让电子环绕原子核运转的力量是自然界最强大的力量之一。

量子数

在同一原子中任何2个电子的轨道都不相同。因此，使用4个被称为量子数的参数，就可以区别每一个电子，因为没有任何2个电子的4个量子参数相同。

数量	用途
主量子数（n）	显示轨道到原子核的距离。
角量子数（l）	显示轨道的离心率。
磁量子数（m）	显示轨道的空定位。
自旋量子数（s）	显示电子轨道定位的方向。

从内部看质子和中子

有很长一段时间，人们认为质子和中子是不可分割的基本粒子。现在我们知道，这些粒子都是由3个夸克组成，由胶子黏合在一起。而电子则不同，是基本的单粒子。

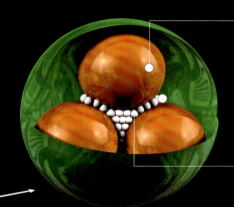

夸克

夸克由很强的力量黏合在一起，在自然界中从没有发现"自由"夸克。但是，夸克可以在若干分之一秒的时间内，通过粒子加速器产生的高能粒子对撞分离出来。

胶子

胶子是没有质量也没有电荷的粒子，与夸克相互作用，并将夸克黏合在一起。

同位素

有些情况下，虽然同一种元素形成的2个原子具有相同的质子数，但是它们的中子数可能不同。如果那样，它们就是同位素。一般而言，同位素的特性具有很大的差异。

氧同位素

氧的主要同位素原子核有8个质子和8个中子，另外还有8个沿轨道运行的电子。氧还有另外2个已知的稳定同位素和14个不稳定同位素。

其中一个同位素氧[18]有8个质子和10个中子，另外还有8个沿轨道运行的电子。

放射性同位素氧[12]有8个质子，但是只有4个中子，另外还有8个沿轨道运行的电子。

8个质子
8个中子

8个质子
10个中子

8个质子
4个中子

原子占有的所有空间几乎都由其电子轨道占据。原子质量的绝大部分集中在原子核。如果原子呈一个高尔夫球般大小，那么绕行该高尔夫球的电子与其的距离会相当于埃菲尔铁塔的高度——324米。

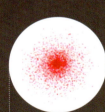

概率计算

在更复杂的科学发展的基础上（比如量子力学和不确定性原则），科学家认为在指定的某一时刻没法确定电子的具体位置。因此，原子及其电子实际上是由可能性函数约计表达，这个公式提供了在任何指定时间找到任何特定位置的电子的可能性。

90%的全概率
氢原子的概率计算。氢原子只有1个电子。

元 素

化学元素是那些不能分割成更为简单的物质的物质。化学元素单独或与其他元素一起构成宇宙中所有的可见物质。迄今有118种已知元素，但是只有92种能在自然界中找到，其余的均为实验室产品。虽然元素的本质看起来非常相似，因为它们都由原子构成，也就是由电子、质子和中子组成，但是它们的性质却大相径庭。为了更好地认识这些元素并对其进行分类，它们被排列成元素周期表。●

季米特里·门捷列夫
于1834年出生于西伯利亚。这位俄国科学家解决了困扰化学界很长时间的问题——元素的正确分类。门捷列夫利用元素周期表解决了这个问题，他在1869年公布了这项成果。元素周期表还使人们能够在多年之后发现此前从来没有见过、但在周期表上预测到的化学元素。门捷列夫于1907年逝世。

元素周期表

▶ 元素周期表在19世纪中叶编制而成，根据两个参数对化学元素进行分类——能量级数或电子分组形成的轨道和最外层能级（价电子层）的电子数。

符号
元素的符号和序号。

原子序数：显示原子核中的质子数量。

质量数：显示原子与碳原子（值为12）相比的质量。

放射性元素

43	(98)
Tc	
Technetium	

周期
环绕原子核的电子分布在不同的能级。周期显示一个原子拥有的能级数量。尽管如此，在同一周期内的原子特性通常也不一样。

族
族显示一个原子在价电子层中的电子数量。同一个族内的原子通常具有类似的特性和特点。

碱性金属元素
碱性金属是化学性质非常活泼的元素，这也是经常能够在化合物中发现它们，而几乎没有纯状态的原因。此类元素是柔软的金属，密度低。最丰富的碱性金属元素是钠。

碱土金属元素
碱土金属也是很柔软、非常活跃、密度低的金属，但是它们没有碱性金属那么活跃。它们与水反应形成碱性极强的溶液。此类元素中最丰富的是钙和镁。

过渡金属元素
过渡金属元素很硬，沸点和熔点都很高，是电和热的良导体。它们可以彼此结合形成合金。铁、金和银就属此类元素。

镧系元素
镧系元素在地球上相对丰富，通常被发现于氧化物中。

$-38.83℃$ 这是水银的熔点。水银是唯一一种在室温下处于液态的金属元素。

元素周期表（部分元素，按图中排列）：

周期 / 族	1 Ia	2 IIa	3 IIIb	4 IVb	5 Vb	6 VIb	7 VIIb	8 VIII	9 VIII	10 VIII
1	1 1.008 **H** Hydrogen									
2	3 6.94 **Li** Lithium	4 9.01 **Be** Beryllium								
3	11 22.99 **Na** Sodium	12 24.30 **Mg** Magnesium								
4	19 39.1 **K** Potassium	20 40.08 **Ca** Calcium	21 44.95 **Sc** Scandium	22 47.87 **Ti** Titanium	23 50.94 **V** Vanadium	24 51.99 **Cr** Chromium	25 54.94 **Mn** Manganese	26 55.84 **Fe** Iron	27 58.93 **Co** Cobalt	28 58.69 **Ni** Nickel
5	37 85.47 **Rb** Rubidium	38 87.62 **Sr** Strontium	39 88.90 **Y** Yttrium	40 91.22 **Zr** Zirconium	41 92.9 **Nb** Niobium	42 95.9 **Mo** Molybdenum	43 (98) **Tc** Technetium	44 101 **Ru** Ruthenium	45 102.9 **Rh** Rhodium	46 106.4 **Pd** Palladium
6	55 132.9 **Cs** Cesium	56 137.3 **Ba** Barium	57-71	72 178.5 **Hf** Hafnium	73 180.9 **Ta** Tantalum	74 183.8 **W** Tungsten	75 186.2 **Re** Rhenium	76 190.2 **Os** Osmium	77 192.2 **Ir** Iridium	78 195.1 **Pt** Platinium
7	87 (223) **Fr** Francium	88 (226) **Ra** Radium	89-103	104 (261) **Rf** Rutherfordium	105 (262) **Db** Dubnium	106 (263) **Sg** Seaborgium	107 (264) **Bh** Bohrium	108 (265) **Hs** Hassium	109 (268) **Mt** Meitnerium	110 (271) **Ds** Darmstadtium

镧系与锕系元素：

周期								
6	57 138.9 **La** Lanthanum	58 140.1 **Ce** Cerium	59 140.9 **Pr** Praseodymium	60 144.2 **Nd** Neodymium	61 (145) **Pm** Promethium	62 150.3 **Sm** Samarium	63 152 **Eu** Europium	64 (247) **Gd** Gadolinium
	65 158.9 **Tb** Terbium							
7	89 (227) **Ac** Actinium	90 232 **Th** Thorium	91 231 **Pa** Proactinium	92 238 **U** Uranium	93 (237) **Np** Neptunium	94 (244) **Pu** Plutonium	95 (243) **Am** Americium	96 (247) **Cm** Curium
	97 (247) **Bk** Berkelium							

元素类型

从它们的结构性特点来看，原子可以共享某些特性，因此可以分成不同的类型。

类金属
类金属的特性处于金属和非金属之间。其中最重要的一点是它们都是半导体（导电性处于金属和绝缘体之间）。它们在晶体管和整流器的制造中非常重要，是集成电路的元件。类金属中最重要的有硅和锗等。

非金属
非金属是地球上某些最丰富的元素。它们包括氢、碳、氧和氮，也是出现在生物体中的元素。它们具有极强的阴电性，是热和电的不良导体。

惰性气体
惰性气体的最外层能级上有8个电子，非常稳定，一般不会与其他元素发生反应。此类气体包括氖、氩和氙。

卤素
卤素是阴电性很强的元素，它们具有很重要的工业用途。

其他金属
其他金属很柔软，熔点和沸点很低。常见的有铝、锡和铅。

		13 IIIa	14 IVa	15 Va	16 VIa	17 VIIa	18 0
							2 4.00 **He** Helium
		5 10.81 **B** Boron	6 12.01 **C** Carbon	7 14.01 **N** Nitrogen	8 16.00 **O** Oxygen	9 19.00 **F** Flourine	10 20.18 **Ne** Neon
11 Ib	12 IIb	13 26.98 **Al** Aluminum	14 28.08 **Si** Silicon	15 30.97 **P** Phosphorus	16 32.06 **S** Sulfur	17 35.45 **Cl** Chlorine	18 39.94 **Ar** Argon
29 63.54 **Cu** Copper	30 65.40 **Zn** Zinc	31 69.72 **Ga** Gallium	32 72.64 **Ge** Germanium	33 74.92 **As** Arsenic	34 78.96 **Se** Selenium	35 79.90 **Br** Bromine	36 83.8 **Kr** Krypton
47 107.9 **Ag** Silver	48 112.4 **Cd** Cadmium	49 114.8 **In** Indium	50 118.7 **Sn** Tin	51 121.7 **Sb** Antimony	52 127.6 **Te** Tellurium	53 126.9 **I** Iodine	54 131.3 **Xe** Xenon
79 197 **Au** Gold	80 200.6 **Hg** Mercury	81 204.2 **Tl** Thallium	82 207.2 **Pb** Lead	83 209 **Bi** Bismuth	84 (209) **Po** Polonium	85 (210) **At** Astatine	86 (222) **Rn** Radon
111 (272) **Rg** Roentgenium	112 (285) **Uub**	113 **Uut**	114 (289) **Uuq**	115 **Uup**	116 **Uuh**	117 **Uus**	118 **Uuo**

超重元素
在实验室中制成，非常不稳定，能够在若干分之一秒的时间里分解。研究人员正在寻找假设的"稳定岛"。

66 162.5 **Dy** Dysprosium	67 164.9 **Ho** Holmium	68 167.2 **Er** Erbium	69 168.9 **Tm** Thulium	70 173 **Yb** Ytterbium	71 175 **Lu** Lutetium
98 (251) **Cf** Californium	99 (252) **Es** Einsteinium	100 (257) **Fm** Fermium	101 (258) **Md** Mendelevium	102 (259) **No** Nobelium	103 (262) **Lr** Lawrencium

锕系元素
绝大多数此类元素在自然界中找不到（它们是在实验室内合成的），它们的同位素具有放射性。

118号元素

118号元素是元素周期表中的最后一个元素，2006年首次在实验室中创造出来，此元素极不稳定。虽然2006年的试验中只产生了3个原子核，但是科学家认为该元素在室温下可能是气体，特性与惰性气体类似。

键

要使一个原子稳定，则必须符合"八隅规则"。就是说，它的价电子层中必须有8个电子，就像惰性气体一样，不易与其他原子发生反应。当价电子层中的电子数量不是8时，原子就会试图从其他原子处获得电子，或放弃电子，或与其他原子分享电子，以便每个原子在价电子层都能有8个电子。在此过程中，它们形成化学键，从而创造出具有新特性的分子。

● 原子核　　● 电子　　— 轨道

离子键
当电子从一个原子向另一个原子转移时（一般是在金属和非金属元素之间），就产生了离子键。精制食盐就是一个很好的例子，它是氯和钠结合的产物。

钠在价电子层中有1个电子，而氯则有7个。当钠放弃自己的电子给氯时，它会变得稳定，因为它新的最外层将有8个电子，但仍带有正电荷。

而作为交换，氯获得了它需要的电子，在价电子层有了完整的8个电子，带负电。这个结合很稳定。

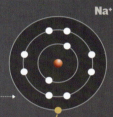

Na⁺

Cl⁻

共价键
原子结合在一起，但是没有丢失或获得电子，它们共享电子。二氧化碳（CO_2）、水（H_2O）和甲烷（CH_4）就是这种情况。

二氧化碳（我们呼出的气体）有1个价电子层，由有4个电子的碳原子和2个氧原子构成，而每个氧原子有6个价电子。因此，每个碳原子将其中2个价电子与每个氧原子共享，结果3个原子在最外层能级上获得了8个原子。

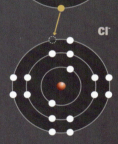

O

C

O

金属键
这发生在金属元素之间。元素之间没有电子获得、丢失或共享，相反，电子在电子海中自由流动。这种特性使得金属成为电的良导体。电流就是电子流。

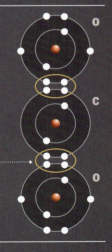

化学反应

连锁反应经常在自然界中发生，比如在工业生产过程中、在人体内，以及几乎其他所有可以想象的环境中。当两个或多个物质相接触时，在特定的条件下，原子和分子键断开，形成新的分子，从而产生具有新特性的不同物质。在这个反应中，不同的分子与氧结合，释放热量，而我们在这个过程中看到了火光。反应中形成了新的化合物，即使在不同的聚合状态下，物质的质量还是保持不变。●

一根普通火柴中的化学实验室

 点燃一根火柴的简单动作会产生复杂的化学反应。在这个反应中，不同的分子与氧结合，释放热量，而我们在这个过程中看到了火光。

点燃

火柴头含有氯酸钾（KClO₃）（在爆炸物中经常出现的化合物）和硫化锑（Sb₂S₃）。火柴头在特殊表面划过，而此表面通常由结晶和红磷（砂纸）基底组成。

1 火柴头表面和擦火面产生的摩擦将火柴头表面的一些红磷变成了白磷。白磷易燃，接触空气后即着火。

2 擦火面上的白磷发出的热量引起在火柴头上引起了化学反应，在这个反应中，氧化剂（KClO₃）产生了氧。氧和热量导致了硫化锑（Sb₂S₃）的燃烧。接着，火苗开始燃烧由可燃性材料制成的火柴杆。

安托万·洛朗·拉瓦锡

拉瓦锡于1743年生于巴黎，被誉为化学之父之一。他对化学这门学科做出了巨大贡献，其中一项是他描述了氧气在燃烧过程中所起的作用。他还证明了质量守恒定律。拉瓦锡于1794年逝世。

热

热是产生或加速化学反应的一个基本条件。相反，冷则会减缓化学反应的过程。

催化剂

催化剂是能够加速或延缓化学反应的物质，而且在反应过程中不会被消耗。催化剂是自然界和工业生产过程中非常重要的元素。

化学反应的表达方式

化学方程式让我们能够以标记和符号的形式再现反应过程。

$$2Mg + O_2 \rightarrow 2MgO$$

原子或分子的数量

与……反应

试剂

产生

产物

这是表示2个镁原子与1个一价氧分子反应，产生2个氧化镁分子（MgO）。

质量守恒定律

物质质量守恒定律是自然科学中的一个重要定律之一。该定律认为在发生化学反应之后，试剂的质量与产物的质量相等。这是因为在反应过程中没有物质质量损失，只是物质经历了一个变化过程。

试剂

化学反应

产物

反应类型

化学反应可以根据其特性进行分类。以下是一些最常见的分类方法。

可逆和不可逆

如果反应是单向的，且原试剂不可恢复，这就属于不可逆反应。而在可逆反应中，在特定条件下原试剂可能复原。比如，有机化合物的分解过程就是不可逆转反应的产物。

氧化和还原

金属或非金属失去电子，从而被氧化。在还原反应中，金属或非金属获得电子。当与氧化物接触时，铁氧化并生成红色氧化合物氧化铁。

燃烧

可燃物通常是有机物，与氧结合，释放热量，水、二氧化碳和一氧化碳。以汽油和柴油等碳氢氧化合物为燃料运转的发动机能够运转，是因为产生了燃烧反应。

放热和吸热反应

放热反应释放热量，吸热反应吸收热量。生鸡蛋到熟鸡蛋这个变化过程显示了只有热量存在才会发生的一系列吸热反应。相反，烟火释放热量，它是放热反应的产物。

金　属

我们通常所说的金属是指某些纯化学元素，比如铁或金，以及某些合金，比如青铜和钢。金属首次使用是在大约7 000年前，从那以后，它们就成为人类生活的一个重要部分。它们被广泛用于桥梁和高楼等巨大的建筑物，轮船和飞机等公共交通工具，枪炮以及其他各种类型的零件中。金属的另一个特性是导电性，这使它们成为制造发动机、能源和通信领域应用的主要物质。●

净化

▶ 一般而言，在自然界中发现的金属通常已经与其他元素结合（形成不同类型的矿物）。因此，它们需要经过特殊的净化处理后才能使用，比如铁就是如此。

配料

铁矿石
铁矿石含有氧化铁。铁原子受到氧化，即与氧相结合。它们必须在净化过程中分离，这样铁才能达到纯金属状态。

焦炭
焦炭是高炉的燃料。但是，它在燃烧时也会生成一氧化碳，而一氧化碳会与氧化铁中的氧原子反应，从而将氧去除。纯金属铁就是这样产生的。

石灰
在这个过程中，石灰与铁矿石中的硅酸盐结合。这样阻止了硅酸盐与铁结合，避免对去除氧之后的铁产生污染。

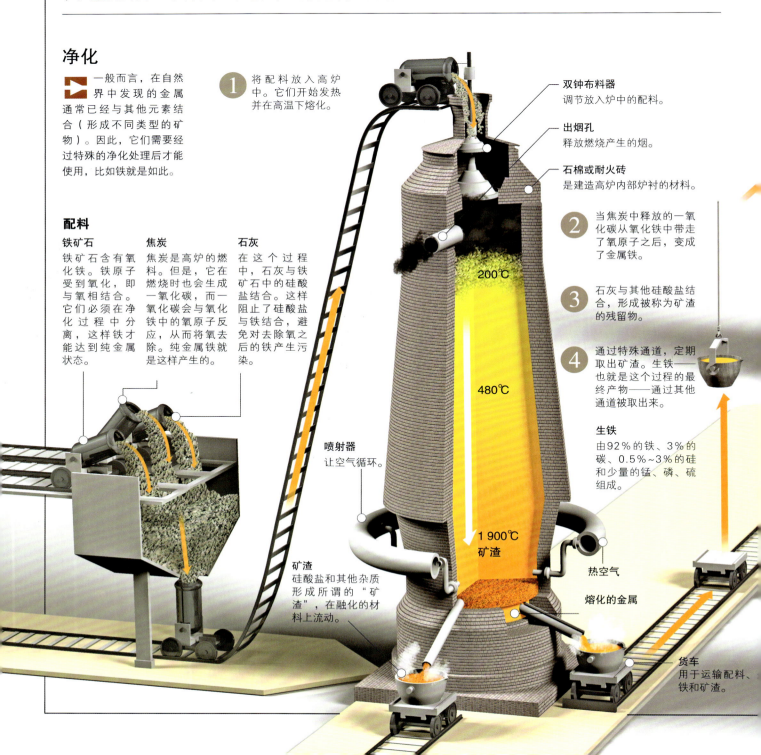

① 将配料放入高炉中。它们开始发热并在高温下熔化。

双钟布料器
调节放入炉中的配料。

出烟孔
释放燃烧产生的烟。

石棉或耐火砖
是建造高炉内部炉衬的材料。

② 当焦炭中释放的一氧化碳从氧化铁中带走了氧原子之后，变成了金属铁。

③ 石灰与其他硅酸盐结合，形成被称为矿渣的残留物。

④ 通过特殊通道，定期取出矿渣。生铁——也就是这个过程的最终产物——通过其他通道被取出来。

生铁
由92%的铁、3%的碳、0.5%~3%的硅和少量的锰、磷、硫组成。

200℃

480℃

1 900℃
矿渣

喷射器
让空气循环。

矿渣
硅酸盐和其他杂质形成所谓的"矿渣"，在融化的材料上流动。

热空气

熔化的金属

货车
用于运输配料、铁和矿渣。

合金

金属可以与其他元素一起形成合金，从而构成具有新特性的物质，此处列举的是钢，钢是世界上最重要的原材料之一。

钢生产

碳与生铁中的铁原子结合，但是不同于氧化物中的化学结合。通过冶炼过程，碳与氧相结合，从而达到减少碳的数量的目的。含碳量超过3%的钢硬度高，但是很脆。

不断完善的程序

除了铁和碳，钢合金一般含有其他合金元素，使其具有特殊属性。

+钼
增加钢的硬度，使之变得更坚固。

+铬
使钢"不锈"，比如制造厨房用具或设备。

+锌
用来给铁包上涂层，形成镀锌钢，可以抗腐蚀。

亨利·贝西默
生于1813年，是一位英国工程师。贝西默开发的程序，大大改善了钢的生产。由于这个创新，他被视为现代钢铁工业之父。他的方法可以减少铁中的碳含量，并在大大降低成本的基础上生产出强度更高的产品。这在19世纪末20世纪初极大地促进了钢的生产。贝西默于1898年逝世。

5 生铁倒入熔炉。

6 注入氧，氧与碳反应，形成一氧化碳。这样，碳在生铁中的比例就降低了。

7 使用石灰去除磷等异物。

一般而言，钢中的碳含量不超过2%，通常在0.2%~0.3%。

金
与铁不同，金的化学性质非常稳定，因此经常可以在自然界中发现纯金。

8 钢可以铸成钢锭，便于保存，也便于以后的处理。

1 900℃
这是高炉内部能够达到的温度。

特性

金属的特殊属性使它们成为人类日常生活中不可替代的材料。

传导性
在金属中，外层电子与其原子核的连接薄弱。因此，金属的原子核看起来像是在电子海中漂浮。这种现象使得金属有了导电的特性。准确地说，电传导性就是电子流。金属也是热导体。

固体
一般而言，金属在室温条件下是固态，并存在不同程度的抗阻性和硬度。

延展性
尽管金属是固体，但是可以改变形状。在有些情况下，甚至能够制成像线一样细的形状。良好的延展性和导电性，使金属成为制造电线和电缆的理想材料。

聚合体

聚 合体的发现，以及化学家能够在实验室合成、甚至创造新的聚合体的能力，促进了新材料的产生。其中有些材料，比如塑料和合成橡胶，具有令人惊奇的特性，迅速成为人们日常生活的重要组成部分。此外，生物学家和生物化学家发现，聚合物对生物的内部运作和结构具有重要作用。●

里奥·贝克兰

被称为塑料之父，比利时化学家，生于1863年。他在美国拥有一家生产自己发明的产品（接触印相纸）的工厂。工作中他偶然发现了一种合成树脂，并将其命名为酚醛塑料。这项发明不仅为他赢得了世界范围的声誉，还标志着"塑料时代"的开始。贝克兰于1944年逝世。

无限链

➡ 聚合物是由成千上万的被称为单体的较小分子，由聚合作用连接在一起的巨大链条。羊毛、真丝和棉花都是自然聚合体，尼龙和塑料等其他聚合体则是由实验室生成的产物。

聚合
在聚合过程中，单体相互结合，产生水和聚合体，从而生成酚醛塑料（第一种合成塑料）。

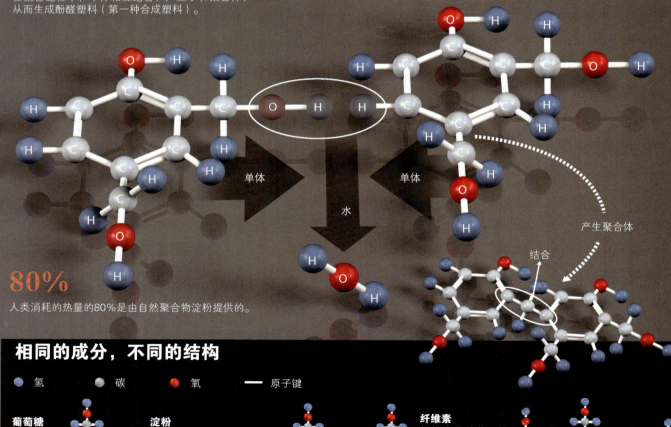

单体

单体

水

产生聚合体

结合

80%
人类消耗的热量的80%是由自然聚合物淀粉提供的。

相同的成分，不同的结构

● 氢   ● 碳   ● 氧   — 原子键

葡萄糖
葡萄糖形成长聚合物，其特性取决于其自身的结构。

淀粉
淀粉是人类的主要食物之一。葡萄糖在聚合物中的位置不变。

纤维素
纤维素是蔬菜的基础结构。在这个例子中，葡萄糖改变了其在聚合物中的位置，人类不能对其进行代谢。

塑料

特殊聚合物塑料在20世纪诞生了，它们革命性地改变了工业、生产方式以及常用物品。塑料成本低、可塑性强，且色彩丰富。它们是很好的绝缘体，可以根据需要而变得坚硬或柔软，且持久耐用。

用途

塑料的用途看起来无穷无尽。各种类型的塑料可以满足不同的需求。

世界上的塑料绝大多数用于制作容器和包装，也有的专门用于建筑工业，或者专门用于制造电气设备。

容器
35%

建筑材料
23%

鞋类
1%

药品
2%

电气设备
8%

机械工程
2%

家具
8%

玩具
3%

其他
3%

农业
7%

运输
8%

循环利用

塑料最显著的特性之一是耐用性，这也产生了一个问题，塑料需要数个世纪的时间才能降解，因此会造成环境污染。基于这个原因，塑料的循环利用显得非常重要。

全球每年的聚乙烯（最简单的聚合物）产量为

6 000万吨。

酸和碱

为什么柠檬水喝起来是酸的？为什么蜜蜂蜇人那么痛？为什么在被蜇的地方抹点儿醋能够减轻疼痛？为什么触摸汽车电池组上的液体很危险？这些问题都可以从一些物质的特性上找到答案：这些物质接触水会变成酸或碱。这种分类实际上是以此类物质在微观层次上的变化为依据的：倾向于释放氢离子（质子）的物质是酸，而能够接受质子，并将其从周围环境中清除的是碱。

在显微镜下

▲ 在水环境中，酸和碱分别增加了它们的质子（H⁺）或羟离子（OH⁻）的浓度，这让所得物质具有特殊属性。

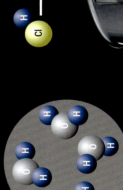
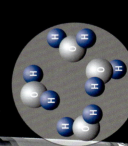
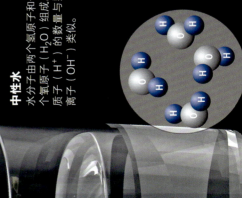

中性水
水分子由两个氢原子和一个氧原子（H_2O）组成，质子（H^+）的数量与羟离子（OH^-）的数量类似。

酸
当添加酸时，如盐酸（HCl），其分子分解成离子（H^+和Cl^-）。因此，质子的浓度就超过了羟离子（OH^-）的浓度，因此所得物质就变成了酸。

酸和碱的特性让它们在不同情况下非常有用。

碱

· 有苦味；
· 在水溶液中是电的良导体；
· 能中和酸，形成水和盐；
· 具有腐蚀性。

酸

· 有酸酸的味道（因此它们用于蓄电池）；
· 是电的良导体；
· 与金属接触时释放氢气；
· 具有腐蚀性。

腐蚀性是酸最有趣的特性之一。虽然它们能够腐蚀有机物质和金属，但不会与塑料发生反应。

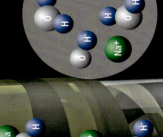

碱

氢氧化钠等碱遇水后离解成Na^+和OH^-离子，也就是说向溶液提供了羟离子。这样，羟离子就会超过质子（H^+）的数量，将所得物质变成碱性的。

测量酸度

物质的酸度以pH值衡量，而pH可以通过不同的方法测量。

物质	pH
胃液	1.5
柠檬汁	2.4
可乐饮料	2.5
醋	2.9
咖啡	5.0
牛奶	6.5
纯净水	7
香皂	10.0
氨	11.5
漂白液	12.5

pH越低，酸度越高。7.0是中性水的pH值。如果该值高于7，这种物质就是碱性的。

强弱

当酸溶解于水时，我们不仅要考虑其浓度（整个物质中的酸含量），还要考虑该酸是强酸还是弱酸。

如果氢质子（H^+）和组成酸分子的其他部分的结合很强，那么酸在水中的离解作用很小。只有少数质子自由，其他的将继续与它们的分子连接在一起。这是弱酸的情况。

当氢质子（H^+）和酸的其他部分结合很弱时，酸分子可以完全离解，产生大量的自由离子，这就是强酸。硫酸在适当的浓度下，会具有腐蚀性，硫酸就是一个很好的例子。

缓冲溶液

对很多生物来说，比如人类，pH值的变化可能是致命的。这就是人体会产生缓冲溶液来中和食物、疫苗等重新介质进入人体时引起pH值变化的原因。

索伦·PL·索伦森（苏润生）

丹麦化学家，生于1868年，1909年发明了利用氢离子当量值（pH）来测量溶液酸度，并描述了一些当量值。并因此名扬世界。索伦森也是酸碱研究的先驱。他于1939年逝世。

放射性

19世纪后期最不可思议的发现之一是有些化学元素能够释放高能放射线，且能够与物质相互影响。科学家及时发现了造成这种现象的原因，即放射性同位素原子核中的质子和中子之间不平等的能量使它们很不稳定。为了取得更稳定的结构，这些同位素释放不同类型的放射线，并转变成其他的化学元素。今天，由这种现象产生的核能在医药、发电以及生产迄今为止最为致命的武器等领域都有重要的运用。●

欧内斯特·卢瑟福

核物理学之父，1871年生于新西兰。他在放射性和原子结构等方面作出了重大贡献，其中包括描述 α 射线和 β 射线，确定与元素衰变相关的辐射类型。而在当时，科学家认为后者是不可能的。卢瑟福还发现了原子核，并研究了其特性。他于1908年获得了诺贝尔化学奖。1937年逝世。

强大的无形力量

▶ 在放射性同位素变得更稳定的过程中，它们经历了变化，并在此过程中释放不同形式的能量。

同位素
稳定同位素
在稳定的原子中，带正电荷的质子数量和中性的中子数量相等或几乎相等。

辐射
当放射性同位素改变其能量级，寻求更稳定的结构时，它会释放出三种放射线。

阿尔法（α）射线
原子释放2个质子和2个中子，即氦核。因此，它的原子数（Z）降低了2个单位，而质量则减少了4个单位。例如，铀−238（Z92）变成钍−234（Z90）。

贝塔（β）射线
原子释放1个电子和1个阳电子（质量与电子相同，但是带相反电荷）。这样，原子数改变了1个单位，而质量改变了2个单位。

质子
中子

放射性同位素
质子的数量与中子的数量不等，原子就不稳定。当原子试图变得稳定时，就经历了变化，并因此以不同形式释放能量。

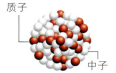

质子
中子

伽马射线（γ）
这是危害性最大，也是能量最高的辐射形式。伽马射线由电磁波组成，当一种同位素的原子核向较低的一个能量级衰变且变得更加稳定时就会释放这样的电磁波。

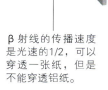

α 射线的传播速度是光速的1/10，但是却不能穿透一张纸。

β 射线的传播速度是光速的1/2，可以穿透一张纸，但是不能穿透铝纸。

γ 射线的传播速度与光速相等，由于其巨大的能量，只有铅或厚铠甲等含有高原子数的材料才能阻止伽马射线。

从一种元素到另一种元素

▶ 由于放射性同位素衰减并释放放射线，其结构和能量级会改变，直至达到稳定状态。在这个过程中，它将变成其他的同位素，形成所谓的"衰变链"。

铀−234衰变

同位素	铀−234	钍−230	镭−226	氡−222	钋−218	铅−214	铋−214	钋−214	铅−210	铋−210	钋−210	铅−206
释放	α	α	α	α	α	α	β	α	β	β	α	稳定
半衰期	245 000年	8 000年	1 600年	3 823天	3.05分钟	26.8分钟	19.7分钟	0.000163秒	22.3年	5.01天	138.4天	

半衰期

放射性同位素的衰变可能只要数秒钟，也可能需要上百万年。特定数量的放射性同位素，其半衰期是该同位素一半数量衰变所需的时间。

用于制造核武器的铀–235，半衰期为7亿年。

用于放射线疗法的钴–60，半衰期为5.3年。

氧–15的半衰期是122.2秒，这是一种少见的放射性氧同位素。

40

在自然界中，放射性同位素大概有40种。而超过1 000种的其他放射性同位素，则是由人类创造出来的。

裂变和聚变

原子核在特定的条件下可能会分裂或熔合。这两种过程都释放巨大的能量，这使得它们可以用于发电和制造核武器。

裂变

一旦触发，裂变可以产生连锁反应。

1 "分裂"原子核受到中子的轰击。

2 当它接受中子时，原子核变得非常不稳定，将分裂成两个更小的原子核。在这个过程中，它将释放β射线、自由中子以及大量的能量。

3 在高能量下发射的自由中子引起新原子核的裂变，产生连锁反应。

中子

中子

中子

铀–235的原子核

能量

使用原子核反应堆释放的蒸汽来发电，就是利用了连锁反应的能量来将水烧热。

约150 000

这是美国于1945年在日本的广岛投下的原子弹造成的死亡人数。

聚变

在高压高温环境下，两个原子核（在自然状态下会互相排斥）熔合，形成一种新的更重的元素。在这个过程中，它们会释放大量能量。

与裂变不同，聚变暂时不适用于能源生产，因为在受控方式下触发聚变需要更高的能量，且远高于聚变本身所能产生的能量。

恒星内部自然发生原子聚变，使它们能够保持"发光"的机制。

形成氦–4原子核

氢–2原子核

氢–3原子核

一个中子被逐出

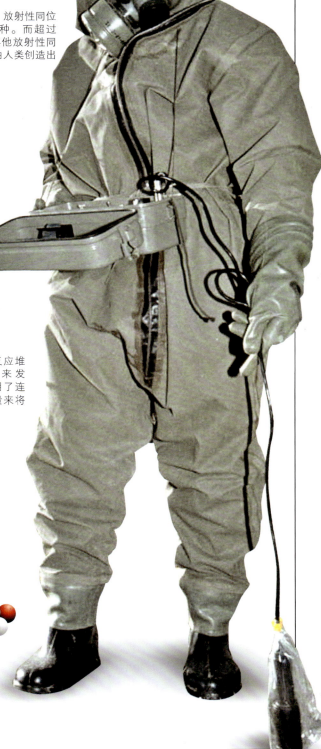

新材料

新材料的发现和创造经常会给世界历史和个人的日常生活带来戏剧性变化，比如铜、铁、钢、石油和塑料等就是几个典型的例子。今天，得益于物理学、化学和计算机科学的进步，新材料领域成为非常有前途的行业。最近几年，纳米技术的开发进一步推动了这个行业的发展。纳米技术是原子和分子级的科学，在未来可能会引发一场真正的技术革命。●

理查德·费曼
美国物理学家，生于1918年，是纳米技术概念的创始人之一。在青年时期，费曼参与了原子弹的研究。后来他主要专注于量子力学研究，并在1965年荣获了诺贝尔物理学奖。1959年，他主持了一次名为"在底部有充足的空间"的会议，这次会议被视为纳米技术的开端。费曼于1988年逝世。

碳的奇迹

▶ 碳根据其不同的结构，可以呈现为石墨或钻石的形式，还能够转化成具有特殊性质的材料，并开始在很大范围内逐渐取代传统材料。

纤维
超细碳纤维嵌入支撑聚合物，可制成重量轻、强度高的材料。这张显微图像显示了碳纤维和人的头发之间的对比，碳纤维的直径只有1/100毫米。

不同的结构
纤维可以有不同的组织结构，从而使材料获得截然不同的特性。

放射状　　任意状

同心圆状　　线条形

辐射波状　　三线形

特性
- 高强度，出色的伸缩率；
- 低密度，比很多金属更坚固，更轻；
- 非常出色的热绝缘体；
- 对几种腐蚀剂有抗耐性；
- 耐火特性。

纳米管，微观奇迹
纳米管是纳米技术领域中一颗冉冉升起的新星，其具有原子级的尺度。纳米管是由碳片卷成的管状物，直径只有几纳米，也就是十亿分之一米。
纳米管是迄今所知强度最高的材料，比钢的强度高100倍。另外，它们还有出色的导电性，比铜的导电效率高数百倍。

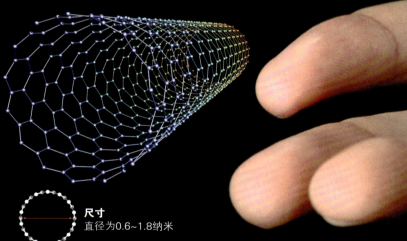

尺寸
直径为0.6~1.8纳米

特性
- 尽管它们的密度是钢的1/6，但却是迄今为止最强的结构之一；
- 它们可以传导巨大的电流而不会熔化；
- 它们具有很高的弹性。即使弯成锐角，也能恢复原状。

10 000倍
碳纤维直径是纳米管直径的10 000倍。此外，纳米管的长度可达1毫米，这是迄今已知与其自身直径相比最长的结构。

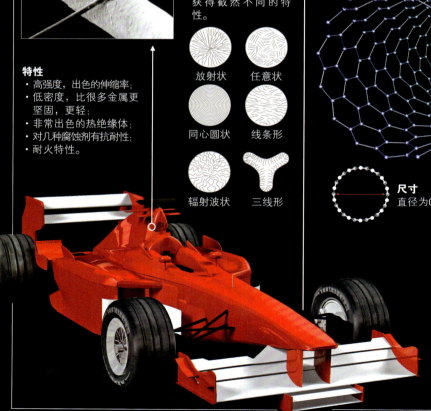

神奇的 "冷冻烟雾"

▶ 气凝胶有云雾一样的外表，它是最新的，也是前景最光明的材料之一。气凝胶的主要特点有强度高、重量轻（几乎像空气一样轻），以及令人惊奇的绝热能力。

绝缘性能
气凝胶是一种强大的绝缘体，可以应用于多种用途。

强度
鉴于这种材料如此之轻，它的强度可谓高得惊人。

成分
气凝胶由硅、碳和其他材料制成，其化合物中绝大部分（高达98%）是空气。

空气 98%

固体 2%

密度
气凝胶的密度是玻璃的1 000倍，只比空气重3倍。

喷灯口的温度可达1 300℃。

绿色杀虫剂
有些气凝胶可以研磨成非常细的粉末，用以堵塞昆虫的呼吸道。

过滤器和催化剂
气凝胶是多孔结构，因此是很好的过滤器和催化剂。美国国家航空航天局（NASA）用它们收集彗星Wild-2的尘埃。

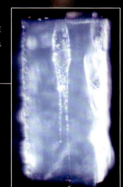

超材料

▶ 是指经过纳米技术处理和改造之后，获得了自然界中不存在的特殊性能的材料。它们尚处于早期开发阶段，并将首先应用于光学领域。

隐形之梦
超材料最令人惊奇的特性的应用之一，就是负折射率材料的开发，这开启了新发明之路。"隐形装置"，或一个隐形盾，从某种意义上来说，这看起来更像是科幻小说，而不是现实。2006年，杜克大学的科学家进行的试验实现了这一点，尽管他们使用的是微波，而不是自然光。

波　　　物体

隐形层

1 电磁波接近由超材料"隐形层"覆盖的物体。

2 电磁波进入该隐形层，绕着物体弯曲。

3 电磁波恢复形状，没有变形。隐形层没有产生任何反射，因此物体是"隐形的"。

能量的表现形式

我们生活在运动着的世界中，尽管我们很少花时间去思考这一点。然而，为什么当我们向空中扔东西时，它总是会掉到地上？又是什么使我们的双脚站立在地球上？对于这些问题和其他类似问题的创造性研究，让艾萨克·牛顿发现了一

涡轮
这是一台涡轮设备的照
片。该设备将液流或液
压转化为旋转运动。

力 30–31　　运动 36–37
引力 32–33　　简单机械 38–39
压力 34–35

系列规律，并最终形成了经典物理的开端。
要运动，必须得有力量。这些力量结合在一
起，就会产生一系列惊人的效果，比如由风

力推动的帆船却可以朝着与这股风相反的方
向前进。借助机器可以增加力量，这可以让
我们节省很多力气。●

力

力 这个词总是让人想起来强大的机车或竞技比赛中的举重运动员。对物理学家而言，这个概念必须用一些条件来定义，比如能够让静止的物体运动，或改变运动中的物体的速度或方向的交互运动。直到17世纪末之前，力的概念、属性以及作用还都是未解之谜。此时，艾萨克·牛顿对这个现象作出了定义，这被视为力的第一次现代定义。现在，科学家们正试图在更深层次上理解所谓的自然界的基本力量。 ●

推力的解析

 力对物体产生作用的一个基本例子：球杆击打静止的白球，传递了导致白球运动的力。在与其他球碰撞时，白球同样将力传到了其他球上。

加速
力对白球作用的结果是，白球以一定的加速度前进。

静力
在某些情况下，有些力起了作用，却并没有让受力对象产生运动。这颗球即使处于静止状态，实际上也受到了力的作用。不过，由于它位于一个固体平台上，在被击打之前，它会一直处于静止状态。

线性运动
是由运动中的一个物体与一个静止物体碰撞之后产生的，这种力用该运动物体的加速度乘以其质量来定义。

接触
在台球台上，力量是接触力，因为如果要让物体和力量之间有任何的相互作用，接触是必需的。相反，磁性和引力可以定义为非接触力，或远距离作用力。

艾萨克·牛顿爵士
牛顿被很多人认为是最伟大的科学家。他于1642年出生于英格兰，对多个科学领域作出了很多重要贡献，比如万有引力定律，以及以他的名字命名的牛顿定律，这些定律是经典力学的基础。牛顿在数学的积分和微分学以及光学等其他领域也作出了重大贡献。他于1727年逝世。

合力和补偿力

力可以互相组合或互相抗衡，从而产生不同的效果。当力相互抗衡时，虽然会受到其他力量行为的扰动，最强力者终胜出。

掰手腕比赛就是力互相抗衡的一个很好的例子：手臂施加了最大力量的选手就是胜者。

借助于不同力量的组合，帆船就可以迎风而行，也就是向着风吹来的方向运动。

减速
如果没有施加新的力量，球就会因为桌子表面的摩擦力而慢慢减速。

力的测量

测力计被用于力的测量，其数值以国际单位制中的牛顿为单位。

测力计
测力计是艾萨克·牛顿发明的。测力计依靠一根弹簧工作，当力量被施加于弹簧的一端时，弹簧伸展。

牛顿
牛顿是测量力的单位。1牛顿（N）等于质量为1千克的物体产生1米/秒²的加速度的力。

公式

$$1N = \frac{1kg \times m}{s^2}$$

力 ← 千克 → 米 → 秒平方

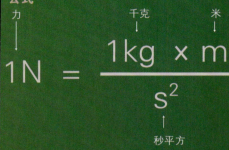

接触或非接触

力的分类方法之一，主要依据为是否必须有物理接触才能产生相互作用。

接触力
物体必须彼此"接触"，力才能起作用。

非接触力
不通过接触传递的力量。地球引力和磁性都属于非接触力。

喷气涡轮机所能产生的力约为
100 000牛顿。

磁铁 ——

力 ——

金属元件 ——

基本力量

物理学家关注于描述自然界的基本力量，他们发现物质的四种基本作用力无法再分解成更简单的力。目前，他们正在试图将这些力量解释为同一种力的不同表现形式。

引力
与物体的重量和恒星的运动相关。在原子层面上，它产生的影响非常小。基于这个原因，引力没有被列入量子力学理论。科学家认为引力由引力子传递，而引力子是一种尚未检测到的粒子。

电磁力
这种力量将电子与原子核链接起来。它赋予物体形状，与电磁辐射相关。在现代模型中，它与弱核力自成一体。

弱力
与夸克和轻子等粒子在亚原子层起作用的力，在辐射衰变中起重要作用。像重力一样，这是一种纯引力。

强力
与重力不同，强力在很短的距离内起作用。它将质子和中子保留在原子核中，中和了质子等同极性粒子之间的排斥力。

这些基本作用力控制着宇宙中的所有过程和运动。

引 力

引力（有时候也称为重力）是日常生活中最常见的现象，也是科学家研究最多的现象之一，同时，它也是人们了解最少的自然现象。但是，从人类历史之初，引力的作用就已被人们所知。人们总是本能地知道，如果把物体扔出去，它们会落回到地上。但是，在大约四个世纪前。艾萨克·牛顿总结出了数学方程式，才使得我们能够测量并量化这种力。近一个世纪前，阿尔伯特·爱因斯坦在其广义相对论理论中推演出一个更加完整的引力作用方式。不管怎样，当人们试图找到的自然界中各种基本力之间的联系的时候，引力是所有力量中最难定义的。●

自由落体

重力是任何有质量的物体产生的一种吸引力，而不是排斥力；即使是非常小的物体也有重力，比如一杯咖啡或是人体。

伽利略曾做过一个演示，两个物体，即使其质量不同，在自由落体运动中的加速度是一样的。

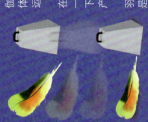

在真空中，羽毛与铅块的下降速度一样，但是在地球上，铅块会先落下。因为羽毛的形状使空气对羽毛产生了更强的阻力。

天体引力

行星、卫星发出强大的引力，甚至扩散到它们自身以外，影响到它们的邻居。

月球与月相
地球的引力作用使月亮始终被"困"在距地球平均约384 000千米处。

重心

一个物体的每一个部分都会经受重力的影响，重心是物体所有部分的平均位置。

实际上地就是物体的整个重量集中点。

走钢丝的人能够靠调整其双臂来控制自己的重心，从而能够在钢丝上平稳地行走。

11.2千米/秒

这是任何物体永久性脱离地球引力所需的速度。

地球上由重力产生的加速度是9.8米/秒²，就是说物体以每秒9.8米的幅度增速。

约翰尼斯·开普勒
德国天文学家和数学家，被认为是最伟大的科学家之一。他生于1571年，因其关于行星围绕太阳运转的理论而闻名于世。他发现行星的轨道不是正圆形，而是椭圆形。他的研究工作是艾萨克·牛顿的运动理论的基础。开普勒于1630年逝世。

下弦月

满月

上弦月

新月

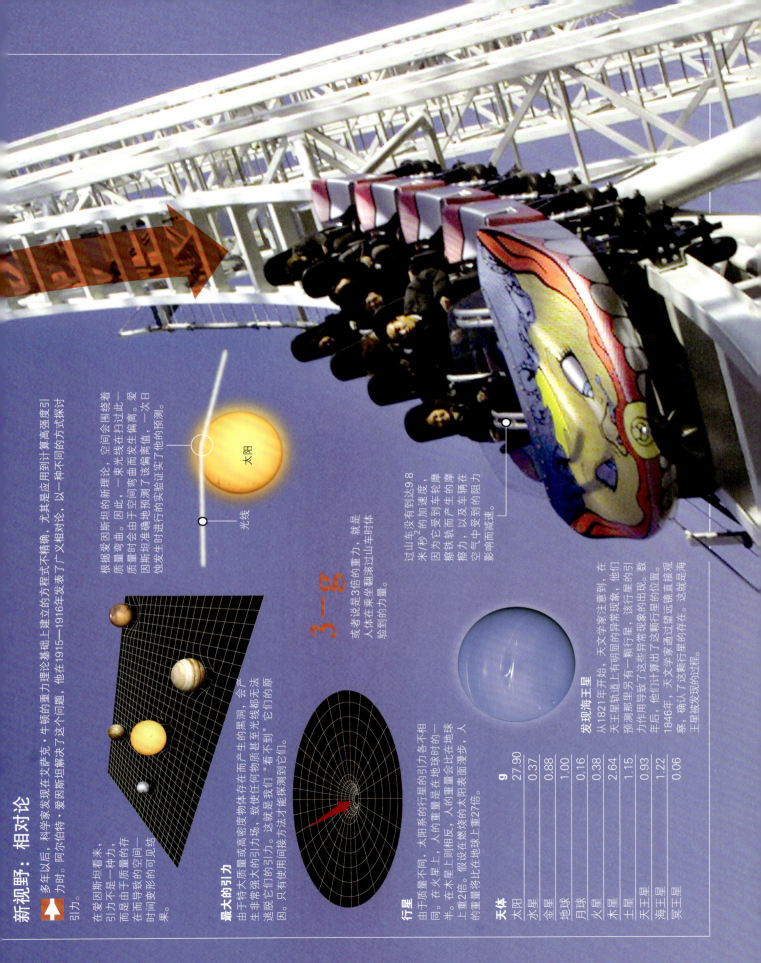

新视野：相对论

多年以后，科学家发现在艾萨克·牛顿的重力理论基础上建立的方程式不精确，尤其是应用到计算高强度引力时。阿尔伯特·爱因斯坦解决了这个问题，他在1915—1916年发表了广义相对论，以一种不同的方式探讨引力。

在爱因斯坦看来，引力不是一种力，而是由于质量的存在而在导致变形的空间—时间中的可见结果。

根据爱因斯坦的新理论，空间围绕着质量弯曲。因此，一束光线在扫过此质量时会由于空间弯曲而发生偏离，一次日食使爱因斯坦准确地预测了该偏离值，这次对他在日食时进行的实验验证了他的预测。

太阳

光线

最大的引力

由于特大质量或高密度物体存在而产生的黑洞，会产生非常强大的引力场，致使它们的引力甚至光线都无法逃脱它们的引力。只有使用间接方法才能探测到它们。

3-g

或者说是3倍的重力，就是人体在乘坐翻滚过山车时体验到的力量。

过山车没有达到9.8米/秒²的加速度，因为它受到车轮摩擦铁轨而产生的摩擦力，以及车辆在空气中受到的阻力影响而减速。

行星

由于质量不同，太阳系的行星的引力各不相同。在火星上，人的重量是在地球时的一半。在木星上则相反，人的重量会比在地球上重2倍。假设在燃烧的太阳表面漫步，人的重量会比在地球上重27倍。

发现海王星

从1821年开始，天文学家注意到有明显的异常现象，他们发现天王星轨道上有偏离。预测那里另有一颗行星，这颗行星的引力作用导致了这些异常现象的出现。数年后，他们计算出了这颗行星的位置。1846年，天文学家通过望远镜直接观察，确认了这颗行星的存在。这就是海王星被发现的过程。

天体	g
太阳	27.90
水星	0.37
金星	0.88
地球	1.00
月球	0.16
火星	0.38
木星	2.64
土星	1.15
天王星	0.93
海王星	1.22
冥王星	0.06

压 力

压力是人类早就知道的，甚至在能够对其做出解释之前就能够利用的众多现象之一。当我们把一个气球充满空气，或目睹眼口呆地看着一个杂技演员躺在一张钉子床上，当我们潜到水下时耳朵感到疼痛，或当我们惊叹推土机的强大力量时，就会觉察到压力。压力的科学定义是在物体表面积上施加的力量，这个概念适用于固体、液体和气体。就气体来说，温度的影响也很重要。●

是太平洋联合铁路公司早期的"大男孩"蒸汽机车能够产生的动力，这几乎相当于4台柴油机车产生的动力。

如果没有蒸汽和蒸汽机，就没有最初的铁路。

当气体被巨大压力压缩时，它能变成液体。这种现象具有重要的现实意义，特别是要把大量的气体储存在体积较小的容器里。而在气态状态下，同样的体积根本做不到。

气体的力量

↑ 虽然气体看起来无形，甚至无法觉察其质量，但它们可以产生巨大的压力——实际上，这股压力是如此强大，以至于能够推进一列火车或推动涡轮机发电。

在气球内部，气体产生的压力让气球保持膨胀状态。

分子在无序运动中，不断地与容器壁碰撞（此处是气球），从而产生压力现象。

布莱士·帕斯卡

法国化学家、物理学家、宗教哲学家，生于1623年，对于压力和真空的定义解释做出了卓越贡献。作为对于他的名字命名多才多艺的科学界以他的名字命名液体表面压力的单位。帕斯卡是位才艺的科学家，他的发明包括液压机、注射器，以及世界上第一台机械计算器。他在生命的最后时期专注于宗教、哲学和神学。帕斯卡于1662年逝世。

从大气层顶部直到海底深处的压力

▲ 环绕地球表面的大气和构成海洋的海水都有重量，并因此产生压力。在不同的海拔高度和深度，压力值也不同。

大气压
大气压是地球表面的空气产生的压力。由于与地球的引力相关，大气压（重量）越大。压力的单位是帕斯卡，大气压平均为101 325帕斯卡，采用其他单位的话也就是1 013.25毫巴，即1千克/厘米²。

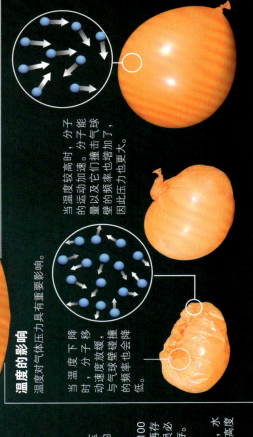

温度的影响
温度对气体压力具有重要影响。

当温度较高时，分子的运动加速。分子能量以及它撞击气球壁的频率也增加了，因此压力也更大。

当温度下降时，分子移动速度放缓，与气球壁碰撞的频率也会降低。

杂技演员的秘密

▲ 杂技演员是如何躺倒在一张布满尖锐钉子的床上而不被刺穿的呢？这个秘密，除了他的勇气之外，就是信赖决定这种压力行为的装置。

压力可以定义为力量对特定表面积的作用。意思是说，相同的力量要比这分散在一小块面积上产生的力量分散在一块较大面积上的压力强度高。

如果杂技演员（力量）全部放在一颗钉子上，力量非常小，钉子的表面会穿刺透杂技演员的身体。

由于杂技演员躺在了大量的钉子上，力量分散到了大的表面积，身体单位面积承受的压力大减，因此钉子不会刺穿他的身体。

的里雅斯特

这是1960年潜入海洋最深处——马里亚纳海沟的深潜水器的名字。在海平面以下11 033米，测到的压力是1 086巴。

在地球表面上方海拔高于100千米的位置，大气压力不再存在。在这个高度上，宇航员必须穿戴加压服才能生存。

在海平面以上20 000米处，水在室温下沸腾。这个海拔高度环境不适于人类居住。

在海平面以上10 000米处，民用飞机舱内必须加压，因为气压过低，会导致缺氧。

在海拔8 000米，地球最高山峰的峰顶，人员需要使用呼吸机或氧气面罩，因为这里空气非常稀薄，压力非常低。

在海平面以下4 600米处，普通飞机可以不用加压舱飞行。在这个高度上，也有一些城市，比如玻利维亚的拉巴斯。

在海平面上，平均气压为1 013毫巴。

人可以潜入海平面以下120米。

潜水艇由于有强化结构，可以潜入海底几百米的深度。有多种多样的生物。

在水下3 000米的深度，显然那里很黑暗，压力很高。抹香鲸和巨型乌贼就可以下潜到这个深度。

马里亚纳海沟的深度为海平面以下11 000多米，是水下压力最高的地方。

水压
是指水的重量产生的压力，随着深度增加而增加。

20 000米

10 000米

0米

-10 000米

运动

从 原子到恒星和行星，整个宇宙处于不断运动的状态中。但是，人类经过了数千年才理解了这一现象，并假设了一批规律来解释这一现象（源自艾萨克·牛顿的敏锐观察）。物体需要一个外力作用才能改变其运动状态。●

约瑟夫·路易斯·拉格朗日
数学家、天文学家和物理学家，1736年生于意大利都灵，因其为科学界作出了无数贡献而闻名于世。其中包括中值定理，代数的众多研究成果和拉格朗日力学，并重新论述了艾萨克·牛顿的假设。利用上面提到的力学，他从所有固体和流体力学源于单一的基础原则这一观点开始，简化了牛顿的方程式和计算。拉格朗日还是一位成果丰硕的天文学家。他生活在法国和普鲁士，于1813年逝世。

运动中

▶ 运动中的物体遵循一条轨迹，这条轨迹取决于作用于物体上的力的类型，如果是在地球表面，还要考虑摩擦等现象产生的阻力。

加速度和减速
当速度变化时，我们称之为"加速度"。如果该变化是常数，那么该运动是"等加速"，如果变化是负值时则为"等减速"。

摩擦
在地球表面，飞镖受到与空气摩擦而产生的阻力（摩擦力）。其水平速度由于该阻力而减速，其垂直速度由于地球的引力而增加。

30千米/秒

这是地球围绕太阳运行的速度。但是，由于惯性作用，我们几乎觉察不到它。

它们的运动速度

光线	300 000千米/秒
旅行者太空船	55 000千米/小时
喷气战斗机	3 500千米/小时
声音（空气中）	1 224千米/小时
赛车	330千米/小时
印度豹	90千米/小时
人	36千米/小时
蜗牛	0.05千米/小时
构造板块	3毫米/年

圆周运动

▶ 圆周运动可以很容易地在车轮、风扇和很多游乐园的骑乘项目中看到，比如弗累斯大转轮。物体被放置到围绕中心旋转的圆环上，这样这个物体就必须不断地改变方向。

向心力
将物体向中心拉动的引力。

中心

物体不断改变方向

离心力
做圆周运动的物体受到"离心力"的影响，其方向与向心力相反，它将物体推离中心。事实上，这不是一种力，而是惯性，让物体趋向于沿直线运动。

摩擦力

▶ 当两个物体相互接触时，摩擦力在它们的接触面之间产生，对运动产生阻力。由于这些作用力，鞋子能抓牢地板，汽车刹车能够起作用，而我们能够用手抓住物体不使其坠落。

摩擦力能够将物体的动能转化成热能，所以我们可以点燃火柴。

要降低摩擦力，可以使用特殊的液体，比如油和润滑油（润滑剂）。

1 650℃

这是航天飞机以高速重新进入地球大气层时摩擦所产生的热量温度。

惯性和直线运动

物体本身不能改变自己的静止或运动状态，它们需要外力才能改变，这种特性被称为"惯性"。因此，在没有任何质量的真空中，飞镖会永不减速地飞行下去。同样的，运动中的物体也有一定的"线性动量"，这个参数取决于其质量与速度之乘积。质量和速度越大，线性动量也越大。

直线运动还可以在物体之间传递。如果目标没有固定住，飞镖在接触目标时会将一部分线性动量传递给目标，这将导致目标移动。

速度

如果我们测量飞镖在一定时间内飞过的距离，就可以确定它的速度：

$$速度 = \frac{距离}{时间}$$

匀速直线运动

引力

抛物线运动

飞镖沿抛物线轨迹飞行。一方面，它趋向于沿直线运动，但另一方面，它又受到地球引力的吸引（等加速运动）而坠向地表。这种相结合的作用导致了抛物线运动。

牛顿定律

▶ 17世纪，艾萨克·牛顿推导出了解释运动的定律，这是有史以来物理学的最大贡献之一。

第一定律

除非有外力作用，否则物体会保持静止或运动状态，且不会改变。

第二定律

被施加外力后，物体改变状态（从静止到运动，改变方向或速度），这些改变与所受外力的强度有关。

第三定律

任何作用力都有一个相等的反作用力。直升机运动方向与螺旋推进器的推力方向相反，就属于这种情况。

简单机械

简单机械简单而且灵巧，方便了日常生活中家务杂事的处理。由机械部件组成的机械装置丰富多样，都有一个基本前提：它们必须能够放大、降低作用力，或者改变力的作用或方向。但是，由于有能量守恒定律，即使分布不同，施加给机械装置的能量与机械装置输出的能量完全相等。●

增力

骑自行车这种简单动作利用了一系列机械，让我们仅靠运动我们的双脚，就能够以比跑步更快的速度前进。

齿轮

齿轮对于放大或减小作用力以及改变作用力的方向非常有用。

如果一个齿轮与另一个有更多齿的齿轮啮合，那么第二个齿轮会转动得较慢，但是会更省力。在自行车上，这种齿轮关系经常用于爬坡阶段。这样，骑车人会觉得自行车"更轻"，但如果要保持速度，就需要蹬踏更频繁一些。

如果齿轮与另一个齿数较少的齿轮啮合，那么第二个齿轮会转动得更快，但是需要更多力量。骑车人利用这种关系以更低的蹬踏频率实现更快的速度，虽然感觉自行车"更重"了。

斜面

这样的道路让我们只借助较小的力量就可以到达一定的高度。不过，如果要减少施力，斜面的角度必须减小，也就是说，起点和终点之间的距离必须增大。

山路一般都是曲折的，这样发动机可以用较小的力量推动汽车到达山顶，虽然必须行驶更长的距离，但是节约了所需的能量。

螺丝

应用与斜面相似的原理，螺丝的螺纹绕着一个圆柱体或圆锥体盘旋，螺纹越细密，拧紧它所需的力气越小，虽然细密的螺纹将需要拧更多圈才能钉牢一枚螺丝。

滑轮

滑轮在垂直提起重物的时候非常有用，它通过绳子和轮子改变力量的方向。

轮子和绳子的数量越多，用来提拉重物所需的力量越小。但是，绳子所需要的长度会更长，这样才能维持做功的总量。

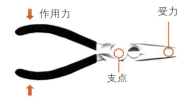

滑轮
绳子
滑轮
重物

杠杆

杠杆是最简单的机械之一，杠杆与支点相连，能够放大作用力，以相对较小的力量托起重物，但是必须在较长的距离外施加力量。

杠杆的类型

一级杠杆

支点在施力点和受力点之间。施力矩相对于受力矩越长，受力点所获得的力量越大。

作用力　受力　支点

二级杠杆

受力点位于施力点和支点之间。施力矩相对于受力矩越长，受力点所获得的力量越大。

作用力　受力　支点

三级杠杆

力量施加在支点和受力点之间。这样不是获得力量，而是失去力量，但是能够对施力点进行更有效的控制。

作用力　支点　受力

复杂机械

复杂机械是由多个简单机械构成的。例如在自行车上，我们可以找到齿轮、轮轴、车轮和滑轮，它们组合在一起来优化自行车的性能。

223吨

这是一台K-10000塔式起重机能够提起的重量。该起重机的塔座高120米，是世界上最大的起重机。它采用了一套分为6组的复杂的滑轮系统。

阿基米德

古代最著名的科学家，公元前287年生于西西里的锡拉库萨，当时这座城市是希腊殖民地。阿基米德有众多的发明和发现，绝大多数都是后来的科学发展的基础，其中包括对杠杆的研究和杠杆原理。当时世人已经知道杠杆的作用很长时间了，但是阿基米德提供了解释杠杆原理的理论框架。对于杠杆，他曾经说过一句很著名的话，也由此而闻名："如果给我一个支点，我能撬动地球。"公元前212或公元前211年，罗马人袭击锡拉库萨时将阿基米德杀害。

轮轴和车轮

当力量作用于自行车的轮轴上时，速度加快，因为车轴会带动车轮边缘转动得更快。

如果力量作用于车轮边缘——通过自行车把手或汽车的方向盘——就可能成倍地增加施加于轮轴上的力量。

轮轴转动1圈的同时会带动车轮也转动1圈，因为车轮的周长更长，所以它将前进更远的距离。

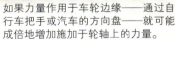

能　源

灯丝
下图是灯丝的图片（放大200倍）。当电流通过时它们变得炽热而发光。

 宙的能量是一种合力，永远也不会衰减。这种能量有不同的表现形式，可以变换，乃至潜伏起来，仅在一定的条件下显现，比如悬在空中的物体突然掉下来。光、热和电都是能量的一些表现形式。在本章中，你将学习能量的相

关知识，了解在20世纪初期对物理学产生重大影响的新理论——相对论和量子力学。相对论在宇宙层面上解释了宇宙的作用。在宇宙中，能量、质量和速度都能获得惊人的量级。量子力学则描述了世界是如何在原子层面上运作的。●

能量和功

宇宙即能量。在每个亚原子粒子和每个生物体的机能中，在陆地上或大气中发生的任何事件，不管其规模大小，能量都在其中起着重要的作用。但是，能量不是一种物体，不是某件实物。一般说来，当人们谈论能量时，实际上是指能量可见的结果，比如光、热或运动。此外，能量不能创造或毁灭，只能改变其形式。能量可以转化，为了更好地理解这个术语，可以根据能量的表现形式特征对其进行分类。●

运动力学

▶ 机械能的概念源自对物体的位置和速率的研究。这种能量基本上是其他两种能量——动能和势能之和。

动能
运动中的物体具有动能，因为它们能够产生运动，也就是说，能够移动其他物体。

一个物体的动能取决于该物体的质量和速度。质量和速度越大，动能也越大。

势能
势能是存储在系统中的能量，或者系统能够传递的能量。势能也与物体的位置相关。

静止时，石头具有潜在势能，如果把石头悬挂在空中，势能会增大。

当把弹簧的尾部拉开时，会发生同样的事情（弹簧延伸，势能增大）。

动能不能储存。由于雪橇与雪之间的摩擦力，部分动能消失了，但是能并没有丢失，只不过是转化成为热量。

尤里乌斯·范·迈尔
1814年出生于德国。他是物理学家和医生，对人类新陈代谢作出了很多重要研究，还展示了机械功可以转化为热，反之亦然。1846年，他阐述了能量守恒定律，根据该定律，在一个封闭系统中，能量可以转化，但是决不会增减。迈尔于1878年逝世。

生命的发动机

▶ 构成食物的分子键存储能量，在新陈代谢或消耗时释放。这是使生物"活动"的能量。

老虎使用从代谢食物得来的化学能。当它们奔跑时，部分能量转化为动能。

90%

自行车的能效比可以达到90%，也就是说，转化为有用功的能量比率。而汽车的能效比只有25%。

电能

 20世纪初以来人们所知的很多做功形式之所以成为可能，是因为有了电能。当由电导体（比如铜电缆）连接的两个点之间有不同的势能时，就能产生这种能量。

电能使用最常见的形式之一就是照明。使用照明灯时，电能转化为了光和热。

闪电——大自然最强大的现象之一——就是一种电能的表现形式，其中部分能量转化为光和热。

 电池储存电能

汽车爬坡时，由于重力原因，其动能变小，并转化为势能。

当车辆下坡时，势能就会释放。

一次闪电可产生的电压为

1 000百万伏。

功

 功的概念与能量紧密相连。实际上，功可以定义为使物体移动或变形所需的能量。

足球运动员将能量传递到足球上时，就做了功。

单位：焦耳

功的测量单位为焦耳。1焦耳等于用1牛顿的力将物体移动1米所做的功。

1米

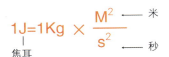

$$1J=1Kg \times \frac{M^2}{s^2}$$

米

秒

焦耳

焦耳也用于测量热量（相当于0.238卡路里）和电能。

12 500千焦

这是成年男性平均每天所需的能量，相当于约3 000卡路里。

热

远在农业或文字发明之前，人们就已经学会利用热量取暖、煮饭、保护自己免受野兽伤害。后来，科学家成功地解释了热物理学及其原理。在微观层面上，热与构成物质的原子和分子运动相关，而且，这是一种能量形式。热可以由不同的机制产生，可以通过不同的物质传递，效率或高或低。热可以测量，热能通常以焦耳、卡路里为单位。●

探究其动力

▶ 火是热的同义词，虽然准确说来，火不是热而是一种形式的能。热作为物理现象是由原子和分子的振动和运动（动能）决定的。动能越大，热量越高。

太阳表面的温度高达5 500℃。

在太阳内部发生强大的原子反应，以热的形式释放巨大的能量。

太阳每小时消耗7亿吨氢，并将其转化为氦。

摩擦
当两个运动中的物体相遇时，摩擦力将它们的部分动能转化为热。

化学反应
分子键中存储的能量可以在化学反应中以热的形式释放。

电磁热损耗
大的磁体导致带有正负电荷的分子振动。振动越大，动能越大，因此热量越高。

热和温度

▶ 热和温度相关，虽然这是不同的概念。热是能量，而温度仅仅是热的一种测度方式。

火加热气球内的空气，或者说，热能增加了气球内的温度。

因为热空气比冷空气密度小，气球升高。

58℃

这是1922年在利比亚阿济济耶记录到的温度，这是有记录以来的最高温度。

作用力测量

像其他形式的能量一样，热可以通过不同的媒介传递，但是总是遵循一条基本定律：从较温暖的媒介流向较冷的媒介。

1 传导

传导是热在固体中的传递方式。当分子振动频率增加时，增大了与之相邻的分子的振动，以此形式传递下去。

金属棒

世界上有各种导热性能不同的热导体。比如金属就是热的良导体，而有些材料，如玻璃纤维，导热性能非常低，因此常用作"绝热体"。

詹姆斯·焦耳

1818年生于英格兰，焦耳既是一名物理学家又是一名内科医生，他奠定了人类新陈代谢的基础理论并演示了血液流入/流出心脏的工作原理。1846年，继德国物理学家迈尔之后，焦耳宣布了能量守恒原理，按照该原理，在密闭系统中，能量可以相互转化，但不会增加或减少。焦耳于1889年逝世。

2 辐射

红外线电磁波形式的热传播。例如，人体或热的物体产生的热量通过热辐射的形式传递到周围温度较低的环境中。

能够探测红外线辐射的相机，可以显示辐射形式的热发散情况。

3 对流

热对流会对大气产生巨大的影响，这让我们能够解释一些气象过程，比如风。

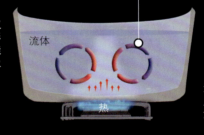

流体

热

当热传递的媒介是流体时，更多的能量（热）分子倾向于上升到较凉或热能较少的分子上面，从而产生对流，分散热量。

滑翔机没有发动机，它利用热空气上升气流（对流）保持飞行状态。

日冕的温度超过1 000 000℃。

温度和卡路里

温度可以用温度计来测量，以华氏度或摄氏度为单位表示，而热量的测量方式不同，一般是以卡路里为单位。

温标

℃

（摄氏温标）

在水的冰点（0℃）和沸点（100℃）之间，分为100个温度区间。

°F

（华氏温标）

其概念与摄氏温标类似，但是不是用水作为介质，而是以水中的氯化铵的冰点和沸点为基准。水的冰点是32°F。

K°

（开氏温标）

开氏温标以"绝对零度"作为起点，在这个温度上，原子停止振动。理论上，这个温度点是不可能达到的。绝对零度相当于−273.15℃。

卡路里

卡路里用于测量热，也就是说，它们是能量的测量单位。

1卡路里定义为，在海平面上，将1克水的温度从14.5℃提升到15.5℃所需的热量。

高温计

这种仪表用于测量600℃以上的高温。

磁 性

有些金属，比如铁，能够产生吸引力和排斥力（即磁性特征）。"磁性"物体在其周围产生两极磁场——正极和负极，这些磁极代表磁性最强的地方，同极相斥，异极相吸。这种现象有其微观起源——电子在原子内的旋转——但是是在更高的水平上产生影响。实际上，地球就像一个巨大的磁场那样运作。

罗盘

罗盘有一根磁针，能够在标有基本方向的水平面上转动。这根磁针随地球磁场转动，使我们能估测磁极的位置。

地球的磁极虽然与地理极点极为接近，但是并不重合（地理极点标志地球旋转的轴）。

指针的南极受到地球北磁极的吸引。

罗盘指示基本方向。

指针的北极受到地球南磁极的吸引。

581千米/小时

这是在2003年的一次测试中，磁悬浮列车达到的最高速度，理论上可以达到650千米/小时。

磁体和磁场

在长达数个世纪的时间里，磁体一直被认为是一种神奇的物体。直到不久以前，科学家才了解开了这个秘密。

① 构成物体的粒子通常是无序排列的。其间的力量相互抵消，因而没有磁效应。

② 将该物体放到磁体附近，会使物体内所有的粒子按同一个方向排列，从而产生磁力。

磁体在其附近产生磁场。靠近磁体的物体受其影响。

地球，一个巨大的磁体

▶ 地球的铁核以及地壳下熔化的岩石流在地球周围产生了磁场。
地球产生磁场的准确机制目前仍然是一个谜。

磁极
地球磁极并没有一个预先确定的固定位置。随着时间推移，它们不断改变位置，直到完全颠倒。在过去的500万年里，地球磁极发生过20多次完全颠倒。

磁力线

北磁极和地理北极之间的距离为

1 800千米。

北磁极 —— 地理北极

N

磁力线 —— ○

南磁极
地理南极

S

泰勒斯
米利都的泰勒斯被认为不仅仅是第一位历史哲学家、出色的数学家和天文学家，还是已知最早提到磁性的文献的作者。泰勒斯生于公元前7世纪，他研究了古希腊马格内西亚地区的能够吸引某些金属的黑色石头。除了一些逸闻趣事之外，我们对泰勒斯的生活知之甚少，因此不能准确地知晓他的生卒日期。

北极光
太阳磁场和地球磁场之间的相互作用，以及到达地球的带电太阳粒子在南北极附近产生了美丽的南、北极光。

1 太阳磁场发射粒子，这些粒子进入太空，形成太阳风。

2 太阳风受到地球磁场引力吸引而转向。

3 有些粒子（电子和质子）受到地球磁场控制，转向两极。

4 粒子与大气中的氧原子和氮原子碰撞，原子被抬升到受激态。受激态的结果是原子以光的形式释放能量。

太阳风
磁场

应用

▶ 自19世纪末以来，磁性现象被广泛应用于不同领域。

电流
由于磁性和电之间的密切关系，使得电话、电视、收音机和如今我们使用的大量电气设备的发展成为可能。

医学
核磁共振和计算机化X射线轴向分层造影等诊断方法对医学产生了革命性影响。这些技术都是以磁性原理为基础发展起来的。

起重机
配有强大磁体的起重机可以提起很重的金属物体。由于有电磁现象，这些磁体输入电流时会产生强大的电磁现象。

运输
由于相反磁极之间互相排斥，磁悬浮列车可以不接触铁轨运行，这样列车就能以高速运行（高于600千米/小时）。

存储
几十年来，磁带被用于记录音乐、视频和计算机文件，尽管这种方法正逐渐被更现代化的数字系统取代。

导航
几个世纪以来，航海和航空依靠磁罗盘指引方向。如今虽然卫星导航更受青睐，但磁罗盘仍然被广泛应用。

电 力

日常生活中几乎没有什么能与断电所造成的影响相提并论了。电灯、电冰箱、电视机、台式计算机或空调，有时候还要加上水泵，可能只有在这些东西断电的时候，我们才能真正地不再低估能量的价值，并花点时间认识到电力这种世界上最常见能源的重要性。第一位从科学角度精确观察电能的人是27个世纪之前古希腊米利都的泰勒斯，不过他可能绝不会想到这种引起他很大兴趣的自然现象对未来的影响。●

本杰明·富兰克林

生于1706年。这位万能博士也是历史上最多产的人之一，很难定义他的杰出贡献。富兰克林的头衔不仅仅包括政治家、印刷工、记者、发明家，还有很多其他的名目。他既是美利坚合众国的开国元勋之一，也是电研究的先驱。在一次暴风雨中，他举起一个金属风筝，发现并证明了闪电是一种放电行为，而云层带电。由于这个著名的科学实验，他作为科学家而被世人铭记。他还发明了避雷针、双焦距透镜、里程表等。他于1790年逝世。

电子的问题

▶ 电这种现象发生在原子层面上，与某些媒介中的自由电子的行为和运动有关（电子从原子核中分离出来）。

静电

▶ 在适当的情况下，当我们接触金属物体、布料甚至另一个人的肌肤时，会发生弱电击。我们对于静电的认识往往源自这些弱电击产生的不愉快和惊奇。

电流

▶ 就像河里流动的水一样，自由电子沿着金属等导体材料从一点自由流向另一点，以能量的形式表现出来，这对人类来说有很大的应用价值。

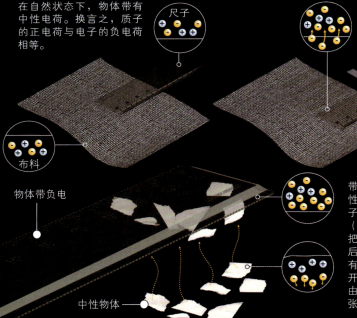

在自然状态下，物体带有中性电荷。换言之，质子的正电荷与电子的负电荷相等。

尺子

尺子
布料

布料

物体带负电

中性物体

两个物体互相摩擦，电子从一个物体流动到另一个物体上。一个物体提供电子，另一个物体接收电子，这样就会产生不平衡。我们说放弃电子的物体带有正电荷，而获得电子的物体带有负电荷。

带负电荷的物体能够吸引中性物体。在这种情况下，尺子在与布片摩擦之后带电（即接收电子）。然后，当把尺子放到中性的纸张上之后，带负电的尺子排斥带有负电的纸张，并将纸张推开，在尺子上剩下正电荷。由于正负电荷互相吸引，纸张被"吸引"到尺子上去。

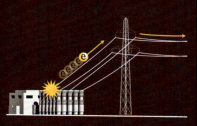

当导体（比如电线）两端的电位不同时，电子就会流动，从而产生电流。电流让电能够传输非常远的距离（数千千米），便于配电和使用。

如果带电物体与接地的物体（比如人体）接触，就会产生放电行为。在这种情况下，带正电的手指接近带负电荷的金属（带有过量电子）。如果此人没有电绝缘，他就相当于一个导体。这就是讨厌的电火花或电击产生的原因。

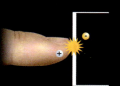

闪电

▶ 在被称为积雨云的暴风雨云中，处于不断运动中的冰粒子经常由于摩擦而带电。

带正电的粒子一般会位于云层的上部。

带负电的粒子一般位于云层的底部。

放电行为在云层内部发生。

放电行为可以在云与云之间进行。

48小时 不间断

这是第一只电灯泡工作的时间。美国科学家托马斯·阿尔瓦·爱迪生在1879年发明了第一只灯泡。

有时候云层底部带负电荷，而地球表面带正电荷，随时准备接受电子，两者之间会产生强烈的放电现象。

导体和绝缘体

▶ 物质可以分为导电体和非导电体。前者的导电效率并不都一样，所以它们具有不同的导电指数。

导体

在导体材料的内部原子中，联系电子与原子核的力量很微弱。这使得电子很容易以电能的形式流动。

金属是良导体，因为在原子层面上，原子核与价电子的结合力很弱，这样电子就可以自由流动。

绝缘体

在绝缘体中，原子核和原子的电子结合很紧密，因此，电子流要么流向更复杂，要么根本不会发生。

600伏

这是电鳗一次放电可以产生的电压。

电的效用

▶ 就像每一种能量形式一样，电可以转化为其他形式的能量，这对于某些领域的应用而言非常实用。

热效应

当电流流过导体材料时，部分电能转化为热。这种现象用在电暖气上非常有效。

光效应

有些固体或气体材料在电流通过时会发光。

磁效应

电流产生磁性，磁性也能产生电流，比如电磁起重机和磁悬浮列车。

化学效应

电流可以用于改变某些材料的化学结构，电解就是其中之一，主要用于提纯元素或电镀钢材，将其变成不易被腐蚀的金属。

电 路

为了方便家中电源插座随时供电（或满足以电池为动力的装置的用电需求），电流以电路的形式不间断地传输。这样，发电机产生的电流就在回路中传输。在回路中，电流为电器提供动力，并受到能改变其特性的不同机制的影响。●

来来回回

▶ 电路可以简单，也可以复杂。但是，所有电路都有一定的基本特征。这些基本特征包括一个电压源和帮助形成电路的电导体。

电压源
电压源以不同的方式（化学反应、矿物燃料燃烧、水或空气流动，太阳能）产生电。在家庭电路中，电源插座提供了由大型发电厂产生的电能。

电极
电流从正极流向负极（按常规）。

电池
电池是利用化学反应发电的装置。过量电子在一端产生，而另一端则电子不足。这样，电流就产生了。

电器
电器由通过电路传送的电流提供动力。

电阻
任何导体，不管效率多高，都会对电流产生一定的阻力。事实上，在这个过程中"损耗"的电转化为了光和热，电灯泡中的灯丝就是如此。这也是无数电器的工作原理，比如加热器和电灯。

开关
开关是用于中断电路电流的装置。

1 000伏

这是非高压电路可以维持的电压。有些输电线可以传输高达35万伏的高压电。

导体
只要有导体材料连接，电路就保持闭路状态。

电流中断

电流流动

ON

OFF

ON 开

OFF 关

电流方向

电流方向

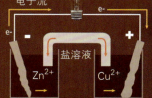
KCl
盐溶液
Zn²⁺   Cu²⁺
锌带   铜带

电子流
e⁻
-    +
盐溶液
Zn²⁺   Cu²⁺

交流电还是直流电？

电流以两种形式流经导体：交流电或直流电。

直流电

这种形式的电流，电子沿着一个方向流动。这种类型的电流通常用于以电池驱动的电动装置，工作电压低。

交流电

这种类型的电流，由于终端的极性不断颠倒，电子方向经常变化。交流电常见于家庭，它与直流电相比有很多的优势，其中最突出的优点是可以通过使用变压器增大或减小电压，可以传输更远的距离而损耗更少，还能用于传输人的说话声等声音以及其他数据。

超导体

由于电阻的存在，长距离的电能传输会导致很高的电荷损耗。但是，有些材料在温度降低到绝对零度（−273.15℃）时，开始具有超导电性。也就是说，它们不会产生电阻，由此也不会产生能量损耗。

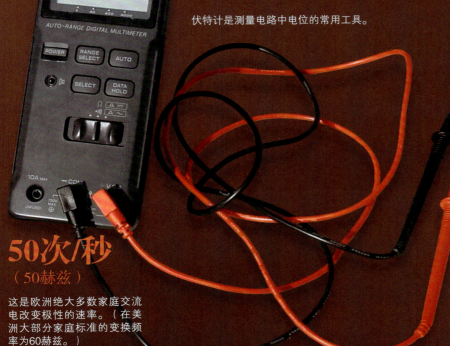

由于传输材料中的电阻，长距离的电能传输总是会有能量损耗。

电位

一个有过量电子的终端与缺乏电子的终端相比，在电位上有所不同。电位差异越高，电流的电压也越高。电位以伏特为测量单位。

伏特计是测量电路中电位的常用工具。

50次/秒
（50赫兹）

这是欧洲绝大多数家庭交流电改变极性的速率。（在美洲大部分家庭标准的变换频率为60赫兹。）

尼古拉·特斯拉

1856年生于奥匈帝国，是著名的发明家、物理学家和数学家。他作出的最大的科学贡献是发现了交流电，并因此而为世人铭记。特斯拉的交流电系统成功地抢占了直流电系统的位置。他的商业竞争对手托马斯·阿瓦尔·爱迪生使直流电商品化。特斯拉的发现使得生产电力并大范围、长距离的运输和使用电力成为可能。此外，在意大利物理学家古列尔莫·马可尼的实验之前，他还首次成功地实现了电磁波无线传输。特斯拉于1943年逝世。

电的单位

电的测量单位有很多种，以下是最常用的几种：

安培

用于测量电流的强度，即每秒钟流过指定电路部分的电子数量。

伏特

用于测量电位，即电路中正负极之间电位差异的电动势。

瓦特

1伏特电势差和1安培电流所做的功。

电气符号

在电路或电路接线图中，不同的符号用于代表不同的组件。

引线	
电阻	
电池	
备用电池或蓄电池	
发电机	
电机	
白炽灯泡	
开关（电闸）	
测量设备	

电 磁

在19世纪，科学家发现改变电流能够产生磁场，而反过来，改变磁力可以发电。这些相关概念的一致性产生了电磁场的概念，这个概念有助于解释光的特性。这也是收音机和电视机、电话和其他对人类生活产生革命性影响的发明的起点。●

电磁场

▶ 电磁场是一个半世纪之前苏格兰科学家詹姆士·克拉克·麦克斯韦靠出色的直觉发现的。这个发现打开了一个全新的研究领域，并带来了令人惊讶和出人意料的应用价值。

电创造了一个磁场
丹麦物理学家汉斯·克里斯蒂·奥斯特（1777—1851）确认电流可以创造一个磁场。

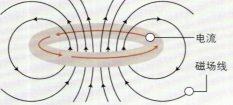

电流
磁场线

磁场产生电流
以奥斯特的发现为基础，英国化学家和物理学家迈克尔·法拉第（1791—1867）发现，磁场的变化也能够产生电流。

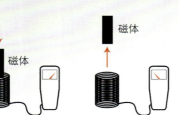

磁体

磁体

电磁场
苏格兰物理学家詹姆士·克拉克·麦克斯韦（1831—1879）研究了这两个现象，认为变化的电流会产生变化的磁场，同时，变化的磁场也会产生一个变化的电流，如此往复。结果是一个电磁场在空间中以横波（电磁波）的形式无休止地以光速传播，这就是无线电通信的基础。

海因里希·鲁道夫·赫兹
德国物理学家，生于1857年，他在詹姆士·克拉克·麦克斯韦的发现和实验的基础上，确定了电磁波的物理存在，并创造了一种能够产生电磁波的装置。他还发现了光电效应，数年后阿尔伯特·爱因斯坦才对此作出了解释。为了纪念他，国际单位制将频率单位命名为赫兹。赫兹于1894年逝世。

波

▶ 电磁场以波的形式传播，即使在真空中也是如此。根据它们的"大小"不同，它们具有不同的特性。有些电磁波甚至看得见，我们将这些电磁场的可见形式称为颜色。

波
与传播方向相切，不需要物质媒介，因此可以在真空中传播。它们的传播速度与光速相同（30万千米/秒）。

波长
两个连续波峰之间的距离。因此，波长显示波有"多长"。

频率
表示波在一个单位时间里重复的次数。不同频率的波具有不同的波长。

赫兹(Hz)

赫兹是用于测量频率的单位。1赫兹等于每秒一个波的一个完整周期。

频谱
频谱是根据波长对波进行分类的方式。一定波长的波具有可见的颜色。

红外线波段位于对应红色的波长之上，所以我们看不到红外线波，但是有些动物能看到。

可见光光谱

紫外线波段始于紫色波长以外（这也是一种"颜色"，例如蜜蜂就可以看见）

| 极低频 | 甚低频 | 无线电波 | 微波 | 红外线辐射 | 紫外线辐射 | X–射线 | 伽马射线 |

| 10 | 10^2 | 10^4 | 10^6 | 10^8 | 10^{10} | 10^{12} | 10^{14} | 10^{16} | 10^{18} | 10^{20} | 10^{22} | 10^{24} | 10^{26} |

频率　　KHz　　MHz　　GHz

革命的开端

不同波长的电磁波可以应用在不同的领域，下面是一些最常见的例子。

无线电

可以解读波的振幅或频率的变化。这些波含有由无线电台传播的信息。

载波

调幅波

调整要传输数据的载波的振幅。频率则保持稳定。

载波

调频波

载波的频率得到调整，振幅则保持不变。这样，波可以以更高的保真度传输，免受大气影响而失真。

700纳米

这是红色波长的大致长度，也就是说小于百万分之一米。

无线电通信

手机和基站之间的通信、电视播放以及卫星通信都以电磁波为基础。

雷达

雷达使用电磁波探测运动中的物体，以及探测云层内的气象条件。通过发送波，并分析波碰到物体之后的反射的方式工作。

变压器

变压器用于增大或减小交流电的电压。变压器的发明为大规模电力传输以及家庭配电铺平了道路。

发电机

发电机通过电磁组件将机械能转化为电能。发电机是构成大型发电机组的涡轮机的基础。

电线圈

电线圈有广泛的用途，其中有很多源于它能够以磁场的形式存储电能的能力。这些用途包括点燃汽车发动机、将交流电转化为直流电以吸收电压的突然变化。

X-射线

X-射线是在19世纪被发现的，它彻底改变了医疗诊断方法。有了X-射线，医生可以不必手术就能够观察到人体内部的组织。

声 音

一段旋律，一次谈话，一次爆炸，风吹过树林发出的呢喃……我们已经习惯地认为声音就是所有一切可以听到的东西。但是，对物理学家而言，声音的定义就广泛得多，包括一系列的特殊振动，其中只有一部分人耳可以听到。声音由振动组成，可以改变它们传播经过的固体、液体或气体媒介。在真空中没有声音。●

振动的世界

声音可以用波形来描绘，而波形的复杂性表现为由纯音（简单波形）到非纯音（复合波形）之间的变化。

频率
频每秒钟内波周期重复的次数。频率越高，音高越高，但与波的振幅无关。

低调声音
高调声音
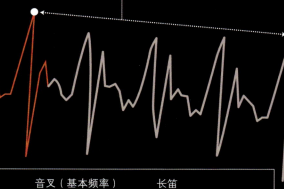

振幅
振幅代表声音的强度，强度越大，波的振幅越大。振幅通常以分贝为测量单位。

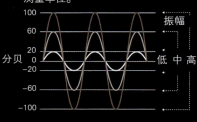

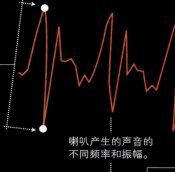

喇叭产生的声音的不同频率和振幅。

声谱
一般而言，声音可以分成不同的波，其频率是基本频率或纯音的数倍。纯音在自然界几乎不存在，其图形为正弦曲线波。音叉可以产生纯音。

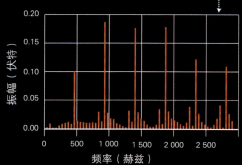
振幅（伏特）
频率（赫兹）

音品
指声音的品质。例如，它可以将钢琴或喇叭演奏同一个音符的声音区分开来。这是泛音（基本频率的倍数）数量和类型不同组合的结果。

音叉（基本频率）　　长笛
小提琴　　铜锣
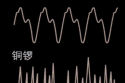

反射
声波可以在特定的表面产生反射，回音就是这种现象的最好例子。此原理在导航、地质勘探和医学中被广泛应用，蝙蝠等动物也利用了这个原理。

我们如何听到声音

1 当喇叭发出声音时，声波在空气中产生振动。

2 该振动经由空气分子以340米/秒的速度传播。

3 耳朵感知了振动，通过神经传导给大脑。这样就产生了声音感觉。

蝙蝠发出的声音可以达到的频率为

100 000 赫兹。

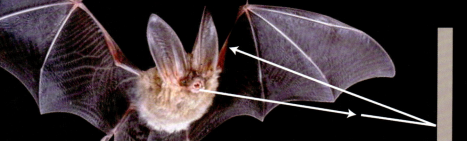

音速

电磁波——即光波、无线电波、电视信号以及X—射线——以光速传播，大约30万千米/秒。而声音的传播速度则低得多，并取决于其传播的媒介。

在空气中 —————— 1 224千米/小时
在水中 —————— 5 400千米/小时
在钢铁中 —————— 21 600千米/小时

音爆

当物体运动的速度超过音速时，就会产生"音爆"。军用喷气式飞机突破"音障"时，就能听到音爆。

测量到闪电的距离

由于光和声音的传播速度不同，我们首先看到闪电，然后听到雷声，因为声音的传播需要更长的时间。这样，测量从闪电发生到听到雷声所需时间的秒数，然后将这个数值除以3，得到的数值就是闪电发生的地方到我们所在地距离的千米数，我们就这样计算出了闪电的距离。

1 亚音速飞行时，声波传播的速度比飞机飞行快。因此在飞机飞近时，我们能听到飞机发动机的声音。

2 当飞行速度为1马赫时，声波在飞机前交叠。

3 当飞机飞行速度超过音速时，声波交叠，就会产生很大的隆隆声。音波被飞机超过，锥形激波产生。

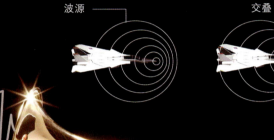

波源　　　　　交叠

产生锥形激波

查克·耶格尔

世界上第一位实现超音速飞行的人。此前有很多人做过尝试，并为此牺牲了性命。耶格尔1923年生于美国西弗吉尼亚州的迈拉，在二战时是一位战斗机飞行员。1947年10月14日，他驾驶一架X-1试验机，在大约12 000米的高空成功地突破了音障。他打破了多项飞行记录，于1975年从空军退役。

超声波

当声波的频率超过了人类听觉的上限（大约20 000赫兹）时，就称为超声波。理论上人类听不到它们，但是它们有非常广泛的用途。

医学

超声波可以用于医学上的治疗及诊断，其中最知名的用途是超声波检查，可用于检查身体内部的疾病和怀孕状态。

工业

利用超声波，可以在不破坏材料的情况下对它们进行分析，并对材料做不同的测试。还可用于产生乳剂和油性物质。

回声定位

潜水艇上用于航海的装置声呐，作用有点儿像雷达。但是声呐发出的不是电磁波，而是声音脉冲。在自然界中，有些动物，比如蝙蝠和海豚，会发出超声脉冲来定位猎物或躲避障碍物。

光

我们晚上回到家，打开电灯，电流到达灯泡，就像变魔术一样，灯亮了。于是，我们可以看清周围的所有物体——不仅仅是它们的形状，还包括它们的颜色。但是，什么是光？为什么物体有不同的颜色？为了弄清这些问题，人类花了数个世纪的时间。今天我们知道光是能源，是一种电磁辐射形式，可以表现为波，也可以表现为名为光子的粒子。●

光的波形特性

▶ 根据广为人知的理论，光由一种被称为光子的能量粒子组成。这些粒子的能级以及它们的波长决定了它们的颜色。

白光
来自太阳的光由各种不同波长的光组成。白光可以利用棱镜进行分解。

棱镜
由于每种波长（颜色）的光都有不同的折射指数，因此每种波长的光可由棱镜以不同的角度折射。这就是为什么棱镜能够"分解"颜色的原因。

折射

▶ 光最重要的现象之一就是折射。这是光通过不同性质的媒介时其速度发生变化产生的结果。

光在空气中和在水中的传播速度不同。因此，当光从一种媒介进入另一种媒介时，会发生折射。这就是为什么一支铅笔浸入水中会给人以折断的视觉感受。

物质具有不同的折射指数，就像不同的波长有不同的指数一样。

反射

▶ 光线可以被物体反射，我们经常可以看到这种现象。如果反射表面光滑，那么反射光线方向一致。

镜子
镜子光滑的表面体现了反射定律。这个定律是，光线射到镜子上时，入射光线与镜面形成的角度等于反射光线与镜面形成的角度。

光幻觉

▶ 我们所看到的景象不仅仅是光的特性的结果，也是眼睛感知的结果，因此就有了光幻觉现象。

法国海军军旗上的三色条纹并不都是一样宽，而是各条纹尺寸都不一样，比例是30:33:37。这样，当旗帜在海上飘扬时，所有条纹才能看起来大小一样。

30	33	37

虽然难以置信，但是在这些正方形里的水平线确实是平行的。

什么是颜色

在电磁谱中，我们能够"看到"不同大小的电磁波。我们的大脑根据对这些波的波长的感受，产生颜色感觉。每种颜色都对应一个具体的波长。

光谱
我们的眼睛能够看到部分电磁谱，就是对应红色的波长和对应紫色的波长之间的部分。

颜色	波长	频率
红色	~ 625~740 纳米	~ 480~405 太赫兹
橙色	~ 590~625 纳米	~ 510~480 太赫兹
黄色	~ 565~590 纳米	~ 530~510 太赫兹
绿色	~ 520~565 纳米	~ 580~530 太赫兹
蓝色	~ 450~500 纳米	~ 670~600 太赫兹
青色	~ 430~450 纳米	~ 700~670 太赫兹
紫色	~ 380~430 纳米	~ 790~700 太赫兹

克里斯蒂安·惠更斯
物理学家、天文学家和数学家，1629年生于荷兰海牙。他不但是一位技艺精湛的望远镜制造者，利用自己制造的望远镜发现了土星环，还阐明了光的波动理论。这个理论与艾萨克·牛顿的理论相对立。牛顿认为光是由很小的发光体构成。后来科学发现这两个理论都只是部分正确。惠更斯于1695年逝世。

当白光照亮的物体反射的波长对应红色区域时，我们感知到这个物体是红色的。

当物体反射所有波长时，我们看到物体是白色的。

当物体不反射任何波长时，我们看到物体是黑色的。

白光

红色物体

"看不见"的颜色

在红色和紫色这些我们可以看到的光谱界限以外，还有一些我们人类肉眼看不到的"颜色"，但是有些动物可以看到。利用专用照相机和滤波器，光谱中这些看不见的部分可以有非常广泛的用途。

红外线
由于植物的叶绿素可以通过红外线被感知到，因此从这幅卫星照片上可以显示出来亚马孙森林被砍伐的情况。

热量在红外线中会散发。因此，红外线照相机能够捕捉海洋和大气的温度，比如这张飓风的热成像照片。在这张照片中，红色代表较温暖区域，而蓝色则是较寒冷的区域。

黑光灯

黑光灯是一种电灯泡，会发出紫外线波和极少的可见光，能够产生令人惊讶的效果。黑光灯有时候被用于音乐会和剧院，为特殊的绘画提供照明。

SPF

这是英文太阳防晒系数（Sun Protection Factor）的缩写。在防晒霜中，这个系数表示一个人可以在太阳下暴露多久而不被晒伤。为了确定防晒时间大约是多少分钟，你可以将安全时间乘以太阳防晒系数。例如，如果一个人通常在20分钟内不会被晒伤的话，涂上SPF12防晒霜，可以保持240分钟（4小时）不被晒伤。

紫外线
紫外线是到达地球的太阳辐射的一部分，也是人在日光浴之后会被晒黑的原因。

人类肉眼不能看见的一些物质，在紫外线下却可以发出荧光，血液就是如此。这个特点让紫外线应用技术在法医工作中显得尤为重要。

狭义相对论

直到20世纪初，物理学家对世界运行方式的理解还都是基于艾萨克·牛顿提出的三定律。不过，这些定律无法解释某些实验结果。一位出生于德国的25岁的物理学家，年轻的阿尔伯特·爱因斯坦此时在物理学领域崭露头角，以其对宇宙的深刻洞察力，动摇了经典物理学的基础。●

背景

20世纪初，科学家们相信牛顿力学能够解释任何物理现象，麦克斯韦方程则能够解释所有电磁现象。他们没有意识到，未来可能需要对物理学有一种新的综合性的认识。

按照爱因斯坦之前的模型

时间
是一个绝对值，因此，在宇宙的任何地方，1秒钟都具有同样的固有值和绝对值。

空间
也被认为是一个绝对值。

光
通过一种被称为"光以太"的介质，以光波的形式传播，虽然没人能够检测到"光以太"这种外部介质。

"以太"
被认为是运动着的宇宙中统一及静止的参量。

失败，却开启了新思维之门

1887年，物理学家艾尔伯特·A·迈克逊和爱德华·W·莫利进行了一项实验，推算地球的"绝对运动"。他们想比较地球运动与"以太"之间的关系，据信，"以太"以"绝对静止的状态"弥漫在所有外层空间中。他们进行此项实验，是因为他们相信已经找到了一种能够监测"以太"的方法。

1 一束光线被分解为向两个不同方向发射的两束光：一束射向地球运转的方向，另一束的发射方向与地球运转的方向垂直。

2 因为每束光运行的方向不同，"以太"对不同的光束应产生不同的影响。因此，两束光返回接受器时应出现轻微的不同步现象。

3 不过，实验失败了，因为在实验误差范围内，发射出的光束总是同步返回。

光发射器

299 792 458 米/秒

这是光在真空中的传播速度。现在，米也被定义为光在真空中1/299 792 458秒所经过的确切距离（当有更精确的测量方法时，米总是被重新定义。）

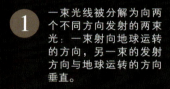
镜子

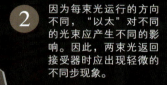
棱镜

接受器

洛伦兹收缩

为了解释迈克逊—莫利实验的负面结果，物理学家乔治·F·菲茨杰拉德指出，运动中的物体受到了压缩。因此，沿地球运转方向发射的那束光比与它垂直的那束光的运行距离要短，理论上来说，这一点抵偿了以太效应。因此，根据菲茨杰拉德的计算：

镜子

基于菲茨杰拉德的收缩假设，荷兰物理学家亨得里克·A·洛伦兹提出，物体的收缩造成了其质量的增加。因此，根据洛伦兹的计算：

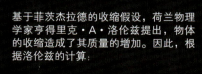

速度	物体收缩
11.2千米秒（火箭速度）	2/1 000 000 000
262 000千米/秒	50%
300 000千米/秒（光速）	100%（物体长度=0）

速度	质量增加
149 000千米/秒	15%
262 000千米/秒	100%（质量增加1倍）
300 000千米/秒（光速）	无限质量

爱因斯坦的革命

▶ 在1905年发表的"狭义相对论"中，爱因斯坦提出了一项关于以太问题的革命性理论，他的理论由两个假设组成。

第一个假设

宇宙中，任何参照系都不是静止的（静止是不存在的），也无法获取绝对性的测量。测量结果取决于观测者，我们发现观测者所处的状态不同，观测结果也就不同。

爱因斯坦还指出，所有的物理定律都平等地作用于彼此相对作匀速运动的不同观察者。后来，在他的"广义相对论"中，爱因斯坦将此理论的应用扩展到任何参照系，而与其运动无关。

第二个假设

宇宙中的唯一常数是光在真空中的速度，与光源处于静止或运动状态无关。

根据牛顿或经典物理学理论，运动中的机车发射出的光的速度应该等于光的速度加上机车的速度。

爱因斯坦称，无论光源是否运动，光的速度始终都是一个常数。而因为速度等于距离与时间之比，这就是说空间和时间不是绝对值，会发生变化。

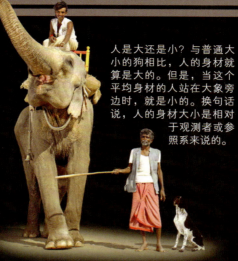

人是大还是小？与普通大小的狗相比，人的身材就算是大的。但是，当这个平均身材的人站在大象旁边时，就是小的。换句话说，人的身材大小是相对于观测者或参照系来说的。

如果从运动的机车上扔下一个物体，该物体的最终速度由机车的速度加上扔出物体的速度之和决定。

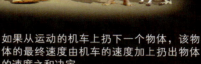

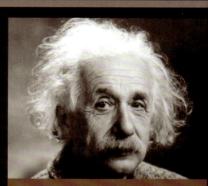

阿尔伯特·爱因斯坦

20世纪的科学偶像，他的理论改变了人类对宇宙的认识。他于1879年出生于德国，1940年入美国国籍成为美国公民。当他年仅25岁、在瑞士一家专利办事处担任雇员期间，就发表了"狭义相对论"，10年后，又发表了"广义相对论"予以补充。1921年获得诺贝尔物理学奖，此次获奖并不是因为他的相对论，而是因为他对光电效应的阐释。因为是犹太人，他遭到纳粹迫害，被迫移民美国，1955年在美国逝世。临去世前，他仍积极进行学术研究，求解数学方程，以期把宇宙中的四种基本力量组合起来。

$$E=mc^2$$

世界上最著名的数学方程，它是基于爱因斯坦提出的假设建立的。这个方程把能量与质量进行换算，因为根据爱因斯坦的理论，能量和质量是等同的概念。这个方程激发了人类对核能的开发和利用。

走慢的钟

▶ 爱因斯坦理论让人印象最为深刻的结论之一是，根据物体处于静止或运动状态，时间以不同速度运行。这种情况的出现是因为时间为一个相对值，而不是一个绝对值。

1 假设宇宙飞船以262 000千米/秒的速度接近另一艘处于静止状态的类似宇宙飞船。

2 运动飞船中的航天员没有注意到飞船内钟表运行速度的任何变化。

3 但是静止飞船中的航天员观察到，运动飞船内的时间比他所在的静止飞船内的时间过得慢一半。此外，运动飞船的质量是静止飞船的2倍，而其体积只有静止飞船的一半。

4 1小时后，运动飞船停下来，恢复了其体积和质量，但是，其钟表所示时间比静止飞船中钟表的时间晚了半个小时。

运动飞船内的钟表

静止飞船内的钟表

1971年，此"假想试验"得到了验证。

首先，将高精度原子钟进行同步。

然后，把一些原子钟安放到客运飞机上，飞行40小时。

当这些原子钟返回地球时，时间不再同步——正如爱因斯坦曾经预言的那样！

广义相对论

当世人了解了由阿尔伯特·爱因斯坦提出、并于1905年发表的革命性的"狭义相对论"后，物理学经历了自艾萨克·牛顿时代以来最具革命性的变化。除此之外，爱因斯坦还给世人留下了另一个惊喜，即 "广义相对论"，该理论于1916年发表，是一个更加复杂和更加完善的理论。依据该理论还产生了好几个有趣的预言，随着时间推移，这些预言已经得到了验证。●

原因（为什么还需要一个理论？）

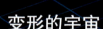 根据爱因斯坦的观点，狭义相对论并不完善，因为它仅适用于惯性系（匀速运动），并不适用于加速系。问题就在于，按照经典物理学或牛顿物理学理论，宇宙中的所有物体都受到由于彼此间的相互引力吸引而产生的加速力。爱因斯坦通过假设等效原理解决了将其理论推而广之的问题。

变形的宇宙

爱因斯坦认为引力不是一种力，而是任何有质量的物体产生的时空变形的结果。因此，举例来说，当一个物体接近一个星球时，它不是被任何力量所吸引，而是路径曲线发生了变形。

这种对引力的创新性解释，使得爱因斯坦能够精确地做出与引力相关的惊人的预测。——

弯曲的光线

爱因斯坦基于广义相对论做出了种种预言，1919年发生的一次日食过程，可算得上是对其预言最令人信服的验证之一。

根据广义相对论，引力场使光线发生弯曲。爱因斯坦预言，光线刚刚接触太阳表面时，会产生1.75弧秒的转向，这可以通过观察太阳边缘附近的遥远星体的形象，来进行测量。因此，此结论要想得到验证，世人不得不等待一次日食的来临。

在1919年的一次日食过程中，科学家们验证了太阳附近星体出现的形象相对于它们平常的位置发生了偏移。

地球

太阳

星体的真实位置

星体的视位置

四 维

根据爱因斯坦的观点，宇宙具有四维，只是第四维（时间）与其他三维（长、宽和高）的表现不同。

引力透镜

➡ 另一个基于广义相对论的预言涉及引力透镜。这种现象也与引力引起的时空变形有关，而正是因为这种现象，当从地球上看某些遥远的星体和星系时，它们的形象也发生了变形。

遥远的星系

光线轨迹

光线的正常轨迹

想象线

地球

因引力作用而转向的光线

巨大的天体（具有很大的引力场）起到了与光学透镜类似的作用。

天文学家可以运用引力透镜效应，来找到那些不发光或因其他原因无法被发现的物体。

亨得里克·A·洛伦兹

出生于1853年，荷兰伟大的物理学家和数学家。他对经典物理学领域的远见和贡献帮助爱因斯坦创立了相对论。他沿着乔治·F·菲茨杰拉德方程的模式，创立了洛伦兹方程。他们两人共同证明了物体如何因其运动改变其形状和质量，虽然从洛伦兹方面来看，这仅是对他提出的众多物理学理论锦上添花，但这却成为爱因斯坦物理学理论的支柱之一。洛伦兹于1902年获得诺贝尔物理学奖，1928年逝世。

电磁波

➡ 爱因斯坦提出的理论认为，强大的引力场会抑制原子的振动，也就是说，会使原子失去能量。由于失去能量时电磁波会"伸展"（即变得更红），所以这种效应会引起电磁波的红移。

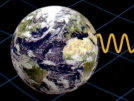

通过分析矮星的光谱，进行了此项实验，爱因斯坦预言的红移得到了验证。

水星轨道的摄动

➡ 天文学家很早就发现水星的预期位置会出现偏差，如果不能发现某个假想的行星，牛顿或经典物理学就无法解释这种现象。爱因斯坦用他的理论解释了这种偏差，解决了行星缺失的问题。

很多年来，天文学家都在寻找一颗被称为祝融星的假想行星，该行星可能是造成水星轨道摄动的原因。

但是，爱因斯坦解释说，该摄动是太阳产生的时空变形所造成的结果，而且，他用精密的方程验证了这一解释。所有行星都有这种轨道摄动现象，但是水星轨道的摄动更明显，因为它距离太阳更近。

76岁

阿尔伯特·爱因斯坦76岁时逝世于美国新泽西州普林斯顿。

量子力学

正如科学家们所发现的那样，20世纪初期仍被奉为金科玉律的牛顿物理学（经典物理学）定律，并不适用于大质量和高速度的物体（该发现为相对论的发展开启了大门）。他们还发现，经典物理学中的这些定律也不适用于原子或亚原子范畴。而一种新形成的理论——量子力学——能够解释或至少能让我们一瞥宇宙中最细微的物理元素的机能和运作。●

"云概念"替代"点概念"

推算一辆车或一颗星星的位置或运动很容易。而在原子级别进行推算，情况就变得复杂得多。根据量子力学理论，如果不能对电子产生干扰，我们就无法测量电子的速度和位置等数据。

根据"海森堡测不准原理"，不干扰粒子的位置，就不可能测出粒子的速度，不改变粒子的速度，也不可能测量出粒子的位置。

1 000个

1 000个原子就能构成一个展示量子定律效应的中等规模系统（介于我们所处的宏观范围和原子范围之间）。

电子在哪里？

经典物理学

例如，要描述某一时刻的原子，只要描述位于预定位置的原子核和围绕该原子核旋转的电子就可以了。

电子

原子

量子力学

因为无法确定电子的确切位置，只能通过它们可能的位置来展示原子。右图中，一个氢原子的唯一电子的位置的可能性以电子云（团）的形式予以描述。

量子

量子力学的诞生，要感谢德国物理学家马克斯·普朗克。他发现，能量不是一个连续性数值，而是以小包或"量子"的形式传递。

量子是能量的最小单位。换句话说，量子与能量的关系就像原子与物质的关系。

是波还是粒子？

 量子力学假定粒子在特定条件下，能够像小粒子或波一样运动。

光是波粒二相性的典型例子。光能够以不连续性粒子（光子）形式或连续性的形式（光波）传播。在连续性传播的情况下，光波具有各种可能的属性，如同光子通过波的形式弥散开来。

光子

1900年

马克斯·普朗克于这一年提出假设：能量能够以量子的形式传递。

连续波

光子

STM

这是扫描式隧道显微镜（Scanning Tunneling Microscope）的英文缩写，该设备用于进行亚原子级别的研究，其顶端只有1个原子厚。

"隧道效应"

 是物质在原子级别的又一种活动方式，而在更大级别中，没有可与之比较的活动。

按照经典物理学的观点，带有一定能量的粒子无法穿越拥有更高能量的障碍。

与此相反，按照量子力学的观点，在障碍物另一侧发现粒子的概率并不是零，因此，颗粒物有可能穿越拥有更高能量的障碍。

"隧道效应"应用于一种用来"观察"原子的显微镜。它也有助于解释在理论低温下发生在天体中的原子聚变。

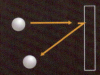

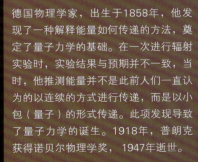

马克斯·普朗克

德国物理学家，出生于1858年，他发现了一种解释能量如何传递的方法，奠定了量子力学的基础。在一次进行辐射实验时，实验结果与预期并不一致，当时，他推测能量并不是此前人们一直认为的以连续的方式进行传递，而是以小包（量子）的形式传递。此项发现导致了量子力学的诞生。1918年，普朗克获得诺贝尔物理学奖，1947年逝世。

量子计算机

计算机的数据处理能力大约每两年就会翻倍，而其元件则不断变小。不过，这一趋势也有限度。为了使此趋势得以继续，不久的将来，计算机就会需要原子大小的元件（在该级别，经典物理学不再起作用，物质将符合量子力学的规律）。到那时，将不再使用晶体管。如果科学家设法解决了这个困难，我们就将拥有比目前运算速度快百万倍的处理器。●

"量子比特"时代到来

目前，计算机的运行是基于比特（信息存储的最基本单元）形式。量子计算机将以量子比特存储信息。

比特

目前，计算机信息以比特形式储存。为了得到比特信息，首先需要制作一个物理设备，该设备采用比特形式固有的二进制系统，例如，"0"或"1"，"是"或"非"，"开"或"关"。

这种物理设备具有局限性，一次只能使用一个二进制数值。现在的计算机由微型晶体管和电容器进行这项工作。

传统的计算机，记录指定时间的3个比特可以使用下述方法进行表述。

由于量子叠加，在指定时间内进行同样的记录，只采用3个量子比特（量子计算），就能够产生8个数值。

20分钟

量子计算机分解一个千位数的因子仅需要20分钟的时间。而传统计算机进行此项计算需要耗费几十亿年。

量子比特

根据量子力学定律，粒子可以同时以波和粒子的状态存在，同时还存在无限的中间状态（经典物理学中无法认知的状态）。也可以用球上的点来表示，北极相当于"1"，南极相当于"0"，此现象称为"量子叠加"。通过量子叠加，三个量子比特可以同时表示多达8（2^3）个数值，而一台普通计算机一次只能表示此8个数值中的1个。

当量子比特进行测量时，必须将自己设定为"0"或"1"。按照其位置，这取决于一系列的可能性。

就像比特一样，量子比特最终也会获得某一数值。不同之处在于能力和计算速度。

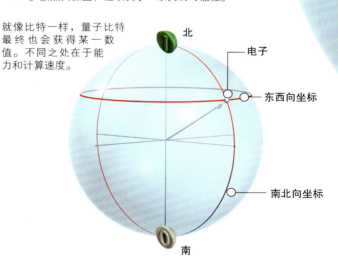

北

电子

东西向坐标

南北向坐标

南

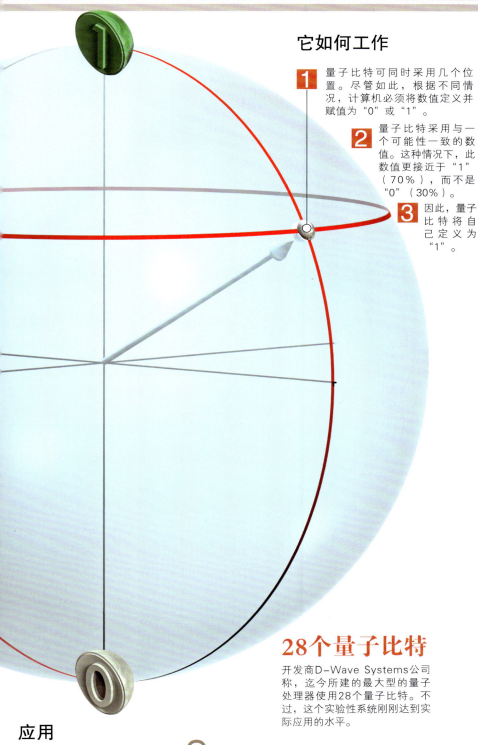

它如何工作

1 量子比特可同时采用几个位置。尽管如此，根据不同情况，计算机必须将数值定义并赋值为"0"或"1"。

2 量子比特采用与一个可能性一致的数值。这种情况下，此数值更接近于"1"（70%），而不是"0"（30%）。

3 因此，量子比特将自己定义为"1"。

沃纳·海森堡

生于1901年，是德国的天才物理学家和数学家，1932年在其31岁生日之前获诺贝尔物理学奖。彰显他对量子力学最具价值的贡献是以其姓名命名的"测不准原理"。该原理是物理学中量子力学领域研究的理论支柱之一，而量子力学主要是在原子级别上研究客观世界。事实上，诺贝尔颁奖委员会授予海森堡该奖项的隐含动机之一就是，适时承认他是量子力学的创立人。在完成其事业并以其科学成就赢得全球的尊重之后，海森堡本人的声誉却因参与希特勒及纳粹政权未获成功的原子弹研制而受损。他于1976年逝世。

挑战

目前还不确定何时能够建成应用型量子计算机。同时，科学家们正在努力解决量子计算的几个问题。

物理介质

传统型计算机使用晶体管、电容器和光学仪器等设备来存储信息比特。但是，量子比特如何存储呢？一个可靠的解决方案可能以量子点的形式出现（一笼子被原子捕捉到的电子）。其他方法包括使用各种离子、铯原子、甚至诸如咖啡因等液态分子。

干扰

理论上来说，一台计算机可能拥有的量子比特的数量是无限的，但是，现实世界中，共同作用的几个量子会受到外部（如受到辐射或宇宙射线等干扰源）干扰，甚至在其内部之间也互相干扰。

误差

比特是明确的，1比特可能是"1"或是"0"。但是，量子比特经由或然性运作。如果量子比特的值非常接近或等于50%，那么，肯定会产生误差，当误差累积时，会产生不可靠的结果。

28个量子比特

开发商D-Wave Systems公司称，迄今所建的最大型的量子处理器使用28个量子比特。不过，这个实验性系统刚刚达到实际应用的水平。

应用

平行同步运算
量子计算机主要能力之一，是仅通过1个电路，就能够精确进行天文级数字计算（进行因式分解和幂运算）。毫无疑问，在国际象棋比赛中，它们将成为非常强大的对手。

安全
量子计算机的数据加密能力，将让目前最先进的系统都成为古董。

远距传送物体
不要将此概念与科幻小说中描写的远距传物混淆起来，因为物质和能量不能以这种方式传输。在量子运算方面，远距传物指远距离传输量子状态的原子，举例来说，这种技术可以应用在电信领域。

查找
量子计算机和量子比特将缩短数据查找所花费的时间。

定理验证
目前，因为需要大量的数据运算，一些数学定理无法验证，而量子计算机能够解决这一问题。

用途与应用

早期的人类依靠自身的蛮力和动物提供的能量生存。后来，人类发现了煤和石油（以及另一种碳氢化合物天然气）。但是，石油储量是有限的，而全球的石油需求却不断增长。而且，石油提纯和燃烧会产生污染。因为这些原因，人

类试验了多种替代能源。一些是清洁能源，但是效率并不太高；另一些是可循环、高效且"绿色"的能源，但是非常昂贵。在这一章，你将了解每一种新型替代能源是如何工作的，以及它们的优势和劣势。●

能量的来源

自从蒸汽机发明以来，人类越来越多地依赖于不可再生能源，尤其是煤炭、石油和天然气，它们的储量都是有限的。如今，人类也已经在较低的程度上开始利用可再生能源，如利用河流的水力进行发电，但这会对河流周边环境造成影响。因此，目前最大的挑战之一是如何以一种经济、安全以及清洁的方式从可再生的资源中获得能源。●

是否是清洁能源？

除了重要的可用性之外，能源对环境产生的后果也非常重要。

全球能源产量

石油	35.0%
煤炭	25.3%
天然气	20.7%
生物燃料，可再生燃料，垃圾	10.0%
核能	6.3%
水电能	2.2%
其他	0.5%

有用的垃圾

有机废物可以在生物分解器中处理，产生热量、电能和肥料。

地热

地热厂利用存在于地壳之下、尤其是火山地区的那些以热能形式存在的能量进行发电。

风能

未来最有前景的能源之一是风能，风能已经逐渐被看作一种可行的替代能源。风能清洁、无穷无尽且经济实惠，只要一个地方有风，能推动巨大的风力涡轮机的叶片就可以了。其唯一的缺点就是会对地貌产生负面影响。

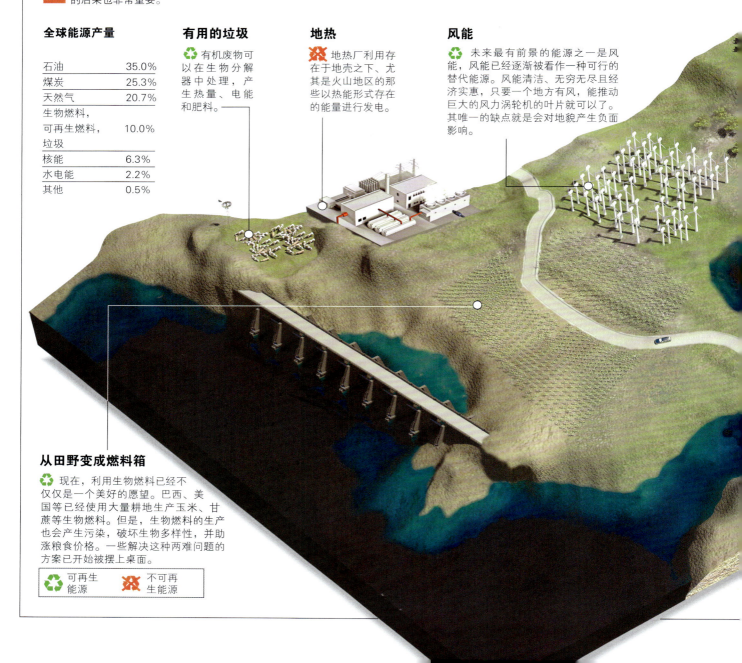

从田野变成燃料箱

现在，利用生物燃料已经不仅仅是一个美好的愿望。巴西、美国等已经使用大量耕地生产玉米、甘蔗等生物燃料。但是，生物燃料的生产也会产生污染，破坏生物多样性，并助涨粮食价格。一些解决这种两难问题的方案已开始被摆上桌面。

♻ 可再生能源	✖ 不可再生能源

阳光的馈赠

♻ 几十年前，人们开始利用太阳能生产电能和热能。不过，即使在今天，虽然我们拥有了从计算器到飞机的各种太阳能设备，但这种用之不竭的清洁能源也有两大难题尚未解决：利用效率低和使用成本高。

治水的艺术

♻ 人类的智慧和创造力已经将推动河流的巨大力量转化为便宜、清洁和无穷无尽的电能。许多地方修建了水力发电大坝，其中一些大坝规模惊人。不过，大坝对环境的负面影响经常被忽视。

114.35亿吨

根据2005年的最新估算，全球能源年产量相当于114.35亿吨石油。而30年前，全球能源年产量大约仅为此数据的一半。

核能：最具争议的能源

☢ 核能可能是效率最高的能源：清洁，强大，几乎无穷无尽。不过，核能需要大量资本投资，需要处理复杂的技术，还要承担令人不安的核事故风险。此外，核能还会产生有毒和高危险性废物。

12.9%

全球石油供应的12.9%出自沙特阿拉伯，其次是俄罗斯（12.1%），美国（7.9%）和伊朗（5.5%）。

煤炭和天然气

☢ 迄今为止，碳氢化合物是大多数国家的能源来源。虽然碳氢化合物是一种丰富和经济型能源，但是它们的储量是有限的，而且，碳氢化合物的使用很大程度上造成了温室效应和全球变暖。

发现油田与石油产量对比
百万桶/年

- 以往发现
- 未来发现
- 产量

60
50
40
30
20
10
0

1930年　1950年　1970年　1990年　2010年　2030年　2050年

石　油

石油是发达国家的主要能源。石油来源于古代的有机物沉积，这些有机物已经埋藏在地球内部上亿年。纯净态石油称为原油，是各种碳氢化合物的混合物，用处不大。因此，原油必须首先进行提炼，对各种成分进行分解。石油是宝贵的不可再生资源，储量有限，燃烧时会污染空气。由于它的这些特点，研究人员正在努力寻找替代性能源。●

从油井到储罐

原油从油井抽出后，要进行精炼并分馏为几种产品，其中之一就是汽油。

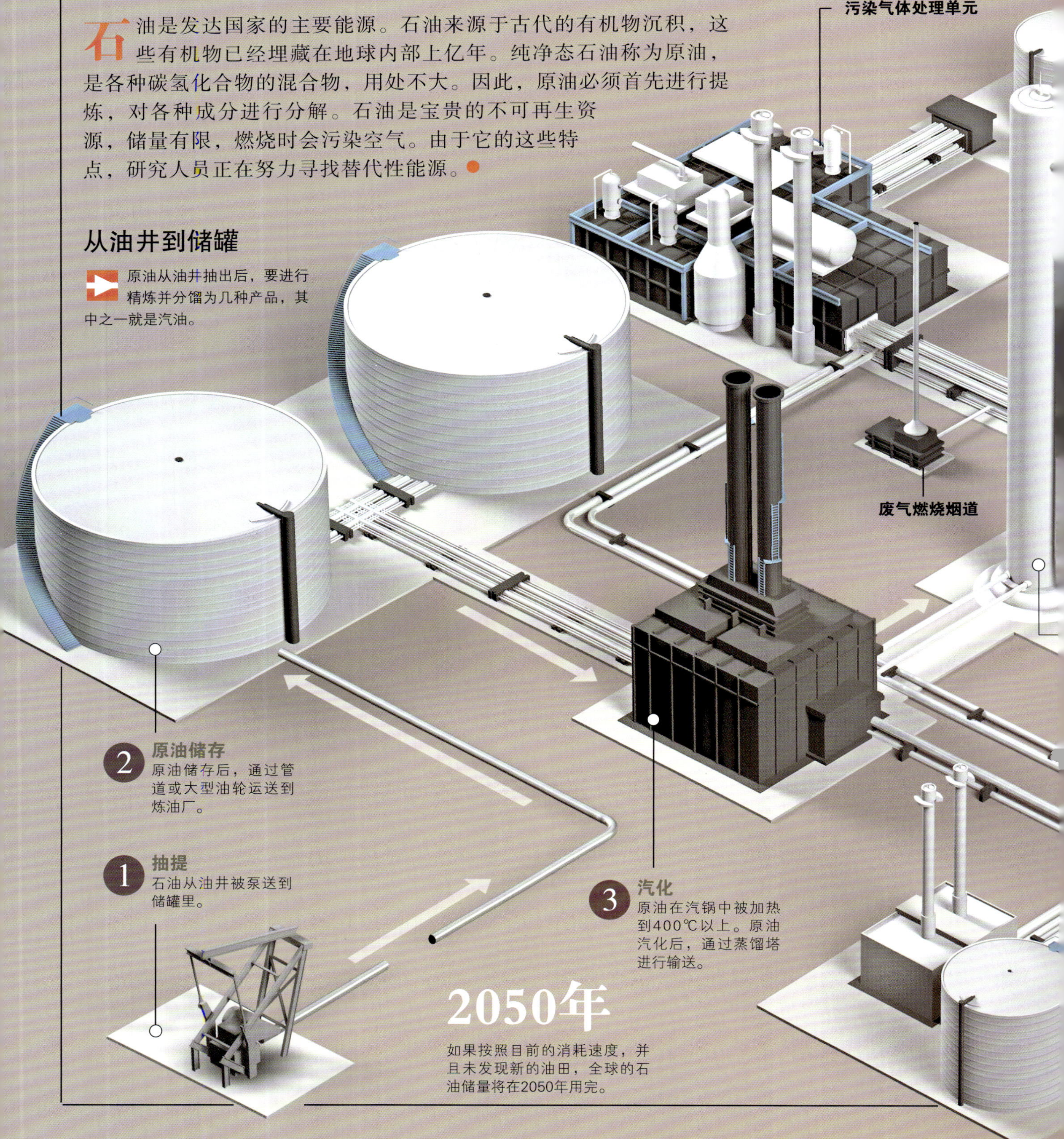

污染气体处理单元

废气燃烧烟道

2 原油储存
原油储存后，通过管道或大型油轮运送到炼油厂。

1 抽提
石油从油井被泵送到储罐里。

3 汽化
原油在汽锅中被加热到400℃以上。原油汽化后，通过蒸馏塔进行输送。

2050年

如果按照目前的消耗速度，并且未发现新的油田，全球的石油储量将在2050年用完。

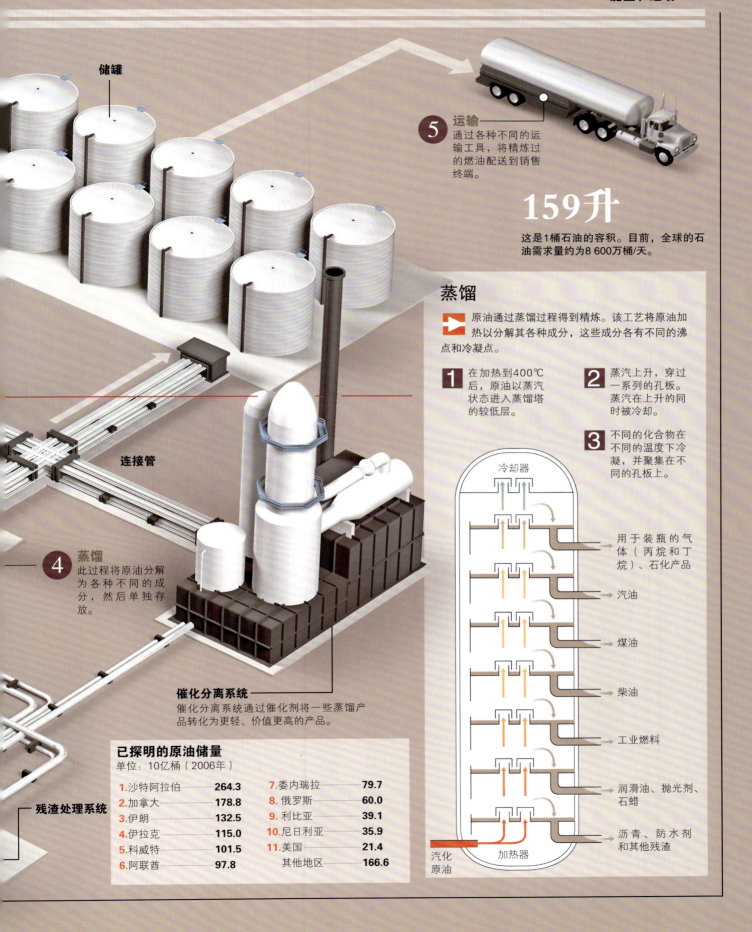

储罐

5 运输
通过各种不同的运输工具，将精炼过的燃油配送到销售终端。

159升
这是1桶石油的容积。目前，全球的石油需求量约为8 600万桶/天。

蒸馏
原油通过蒸馏过程得到精炼。该工艺将原油加热以分解其各种成分，这些成分各有不同的沸点和冷凝点。

1 在加热到400℃后，原油以蒸汽状态进入蒸馏塔的较低层。

2 蒸汽上升，穿过一系列的孔板。蒸汽在上升的同时被冷却。

3 不同的化合物在不同的温度下冷凝，并聚集在不同的孔板上。

冷却器

连接管

4 蒸馏
此过程将原油分解为各种不同的成分，然后单独存放。

催化分离系统
催化分离系统通过催化剂将一些蒸馏产品转化为更轻、价值更高的产品。

用于装瓶的气体（丙烷和丁烷）、石化产品

汽油

煤油

柴油

工业燃料

润滑油、抛光剂、石蜡

沥青、防水剂和其他残渣

汽化原油　加热器

残渣处理系统

已探明的原油储量
单位：10亿桶（2006年）

1.沙特阿拉伯	264.3	7.委内瑞拉	79.7
2.加拿大	178.8	8.俄罗斯	60.0
3.伊朗	132.5	9.利比亚	39.1
4.伊拉克	115.0	10.尼日利亚	35.9
5.科威特	101.5	11.美国	21.4
6.阿联酋	97.8	其他地区	166.6

天然气

紧 随石油之后，天然气因为其可用性和高效率，在全球能源平衡中慢慢地上升到重要的地位。天然气被誉为最清洁的化石燃料。过去15年中，由于技术的进步，尤其是矿藏勘探技术的进步，统计储量已经大幅度增加。随着开发的深入，全球不同地区对天然气的依赖性也不断增长。●

看不见的能源

天然气是无色、无嗅的流体，含有70%~90%的甲烷。甲烷是使天然气成为能源的有用成分。

2 提纯
将固体和液体成分分离，然后将副产品（如丙烷和乙烯）分离出来。

1 抽出
天然气通过孔洞从储藏地抽出。当天然气受到压力时，就可以自动上升到地表。当没有压力时，就必须人工抽提。

3 配送
天然气经过蒸馏，并主要转化为甲烷后，通过管道系统进行配送以供使用。

4 液化
当需要海运或储藏时，天然气被压缩并冷却到−161℃，进行液化。

LPG

液化石油气（LPG）是天然气的副产品，可以存储在钢瓶中，偏远地区的人们使用它作为锅炉和发动机等设备的能源。

储藏
天然气一般位于岩石孔隙中，不一定与石油伴生，其上面覆盖着抗渗层岩石。

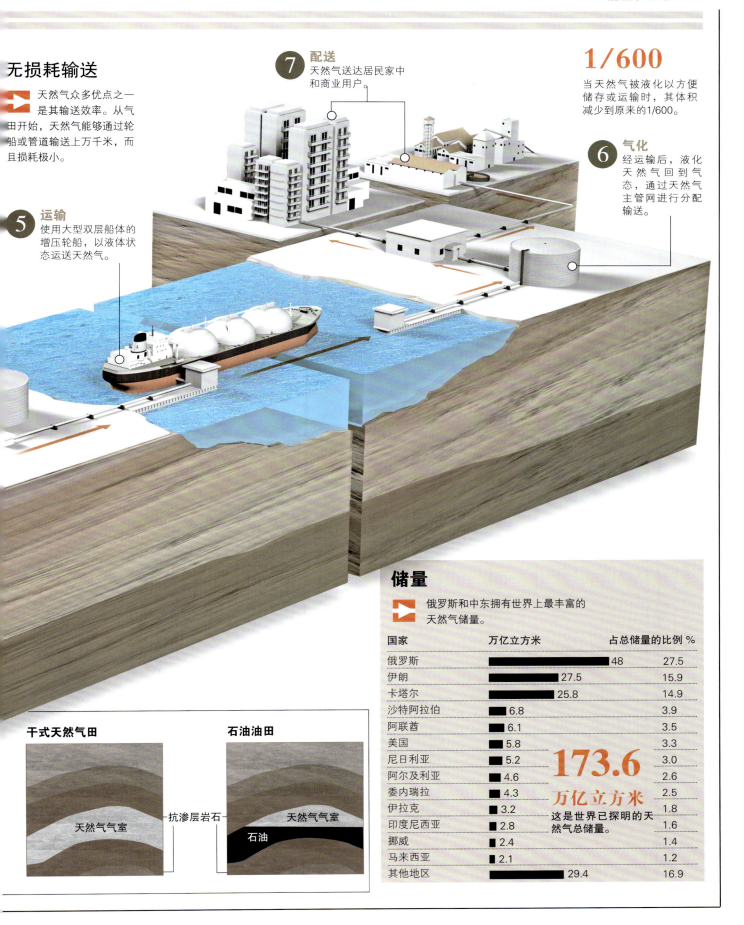

无损耗输送

天然气众多优点之一是其输送效率。从气田开始，天然气能够通过轮船或管道输送上万千米，而且损耗极小。

7 配送
天然气送达居民家中和商业用户。

5 运输
使用大型双层船体的增压轮船，以液体状态运送天然气。

1/600

当天然气被液化以方便储存或运输时，其体积减少到原来的1/600。

6 气化
经运输后，液化天然气回到气态，通过天然气主管网进行分配输送。

干式天然气田

天然气气室

抗渗层岩石

石油油田

天然气气室

石油

储量

俄罗斯和中东拥有世界上最丰富的天然气储量。

国家	万亿立方米	占总储量的比例 %
俄罗斯	48	27.5
伊朗	27.5	15.9
卡塔尔	25.8	14.9
沙特阿拉伯	6.8	3.9
阿联酋	6.1	3.5
美国	5.8	3.3
尼日利亚	5.2	3.0
阿尔及利亚	4.6	2.6
委内瑞拉	4.3	2.5
伊拉克	3.2	1.8
印度尼西亚	2.8	1.6
挪威	2.4	1.4
马来西亚	2.1	1.2
其他地区	29.4	16.9

173.6 万亿立方米
这是世界已探明的天然气总储量。

水电能

全球大约20%的电力是由水力发电厂利用河流的力量生产的。水力发电从19世纪开始投入使用。虽然水力发电对环境的影响很大，但是水力是一种可再生的非污染性资源。根据联合国的统计，目前已经开发了全球水电能力的2/3，在北美和欧洲尤为普遍。

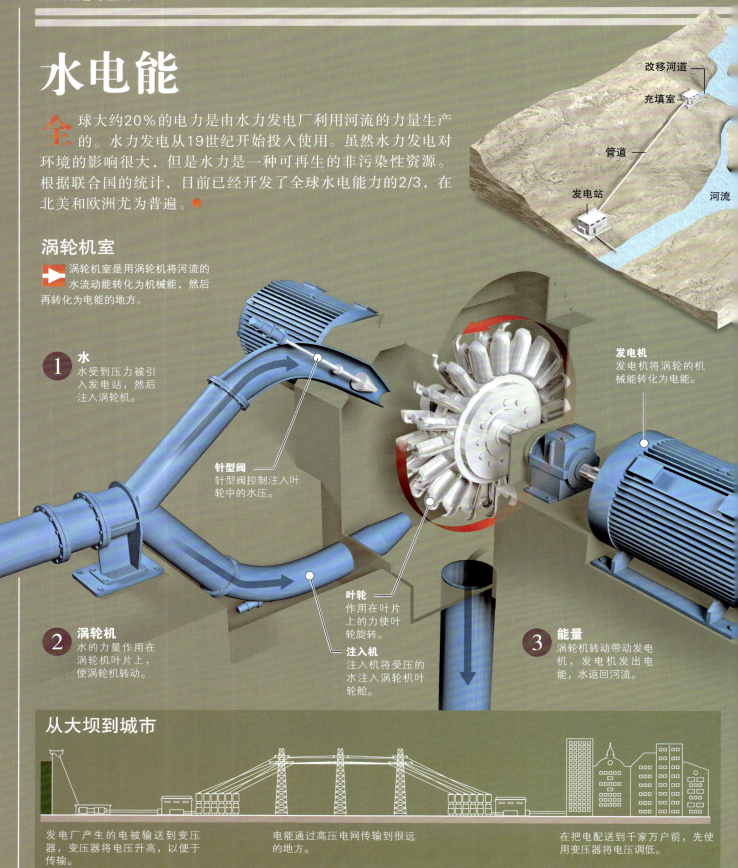

改移河道

充填室

管道

发电站

河流

涡轮机室

涡轮机室是用涡轮机将河流的水流动能转化为机械能，然后再转化为电能的地方。

1 **水**
水受到压力被引入发电站，然后注入涡轮机。

针型阀
针型阀控制注入叶轮中的水压。

发电机
发电机将涡轮的机械能转化为电能。

2 **涡轮机**
水的力量作用在涡轮机叶片上，使涡轮机转动。

叶轮
作用在叶片上的力使叶轮旋转。

注入机
注入机将受压的水注入涡轮机叶轮舱。

3 **能量**
涡轮机转动带动发电机，发电机发出电能，水返回河流。

从大坝到城市

发电厂产生的电被输送到变压器，变压器将电压升高，以便于传输。

电能通过高压电网传输到很远的地方。

在把电配送到千家万户前，先使用变压器将电压调低。

支流发电厂

1 支流发电厂无须建设水库，只利用现有水流即可发电，因此，这种生产形式会受到水流季节性变化的影响。支流发电厂也不能利用偶然出现的过量水流。

水库蓄能发电厂

2 通过拦河建坝围成一个水库，保证水流稳定，因此可以不受水位变化的影响，也保证了稳定的发电量。

1 水流进入发电站，推动涡轮机带动发电机发电。

2 完成发电后，水流返回河流。

水库

发电站

输出管道

发电机   涡轮机

管道

水库

大坝

管道

发电站

中 国

中国是世界上水力发电规模最大的国家（装机容量95 000兆瓦），其次是美国、加拿大、巴西。

抽水蓄能发电厂

3 抽水蓄能发电厂拥有位于不同高度的两个水库，这样，水就可以循环使用，实现了对水资源的高效利用。

1 水从高位水库流入低位水库，在此过程中进行发电。

发电站

二级水库

涡轮机

管道

水库

2 在非用电峰值期间，用泵将水再打回高位水库，再次利用。

发电站

二级水库

涡轮机

管道

水库

水库

大坝

管道

发电站

二级水库

22 500兆瓦

中国三峡大坝于2009年全面竣工，规划的水能发电量为22 500兆瓦，是世界上最大的水力发电站，前纪录保持者是巴拉圭和巴西边境的伊泰普大坝，其发电量为12 600兆瓦。

核　能

核能是通过可控核反应来获得电能的最高效、最清洁的方法之一。虽然此项技术已经使用了半个世纪，但是，因为它对环境、健康的风险以及所产生的剧毒废弃物，至今仍存在很大的争议。

裂变

当使用中子轰击某些原子（如铀-235）的原子核时，会产生裂变。在此过程中，原子会释放大量的能量和新的中子，这些中子又可以使其他原子的原子核发生裂变，产生连锁反应。

中子

减速剂
为了实现原子核的裂变，中子必须以某一特定速度对其产生撞击，此速度可由减速物质，如水、重水或石墨等进行控制。

中子

中子

铀-235原子的原子核

能量

能量的产生

利用来自反应堆的核裂变能量获得高温，产生高热蒸汽，推动涡轮机和发电机。

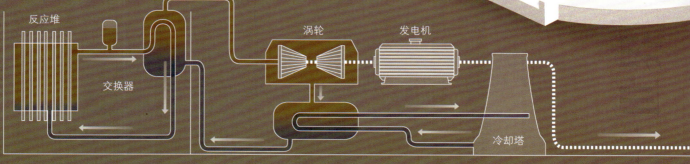

反应堆

交换器

涡轮

发电机

冷却塔

1　水
带压力的水与减速剂一起被泵送通过反应堆芯，反应堆芯的温度升高数百摄氏度。

2　蒸汽
产生的蒸汽进入交换器，对水进行加热，直到水也变成蒸汽。

3　电
蒸汽进入涡轮机，推动涡轮运转，涡轮驱动发电机发电。

4　循环
蒸汽冷凝成液态水，再次使用。

移动式起重机
用来移动为反应堆补充核燃料的机械装置。

反应堆芯
反应堆芯含放射性燃料，是发生核反应的地方。

全球的核能发电总量为
370 000兆瓦。

分离器
将液态水从蒸汽中分离出来。

蒸汽进入涡轮机

热水管道

冷水管道

水泵
维持系统内的流体循环。

变压器

输送
在电力被输送之前，使用变压器升高其电压。

436座

目前，全球共有436座核电厂投入使用，另有30多座核电厂处于建设阶段。

铀

➡ 在自然界中，铀通常与其他矿物伴生。而且，仅有0.7%的铀是核裂变反应所需的铀–235同位素。铀–235的比例必须要经由浓缩过程提高3%~5%。

1 对原生矿物进行处理，直到获得一种俗称"黄饼"的物质，该物质中的80%是铀。

2 转化过程中，首先产生四氟化铀（UF_4），然后产生六氟化铀（UF_6）。

3 气态的六氟化铀在离心分离机中反复旋转，直到获得达到浓度要求的铀–235。

4 浓缩铀再次固化。

5 通过压缩，得到浓缩铀芯块，其可用作核反应堆的燃料。

6 将浓缩铀芯块放入空心棒中，然后将这些燃料棒放入核反应堆芯。

UF_6

UF_4

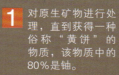

燃料棒

浓缩铀芯块

太阳能

在日常生活中，利用太阳能来发电采暖正变得越来越普遍。这种清洁、无限的能源利用范围广泛，从给通信卫星的电池充电，到公共交通，再到全球正在大规模建设的太阳能住宅的方方面面，随处可见。●

光电能源

▶ 从太阳光获取的能源。需要使用太阳能电池或光伏电池。

太阳能电池

太阳能电池主要由一层薄的半导体材料（如硅）构成，在这层半导体材料上发生光电效应——将光能转化为电能。

1 太阳光照在电池上，一些非常活跃的光子推动电子，并使电子移动到电池的发光面。

2 带负电荷的电子在发光面形成一个负端子，并在带正电荷的黑暗面（正端子）留下空隙。

3 一旦电路闭合，就会形成从负端子向正端子的连续电子流（电流）。

4 只要太阳光照亮电池，电流就会得到维持。

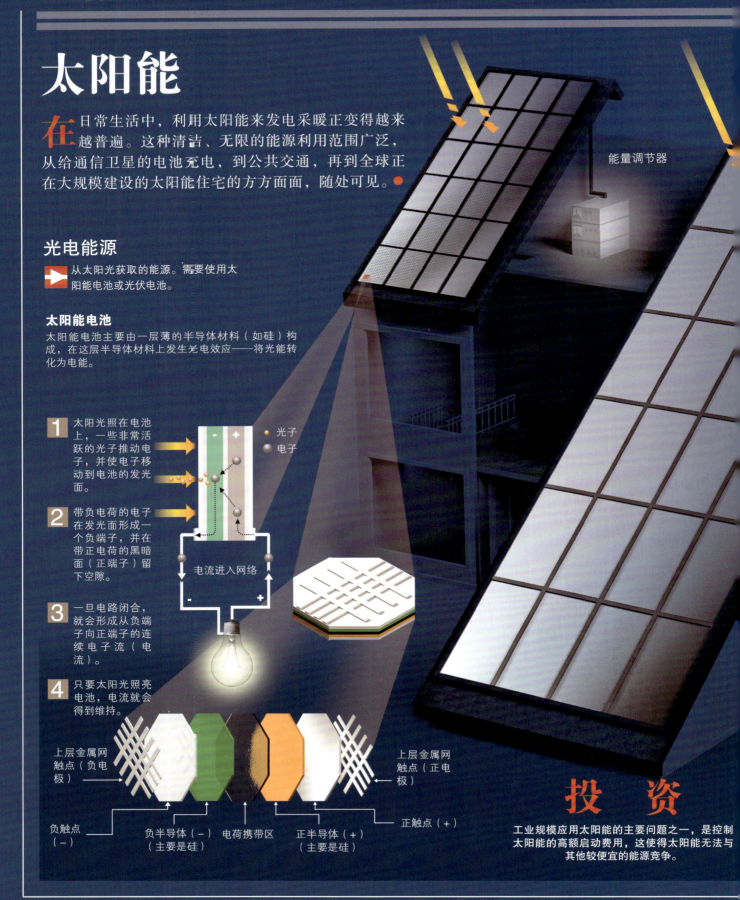

能量调节器

光子
电子

电流进入网络

上层金属网触点（负电极）

上层金属网触点（正电极）

负触点（－）

负半导体（－）（主要是硅）

电荷携带区

正半导体（＋）（主要是硅）

正触点（＋）

投　资

工业规模应用太阳能的主要问题之一，是控制太阳能的高额启动费用，这使得太阳能无法与其他较便宜的能源竞争。

太阳能采暖

阳光的另一种用途是作为水和住宅的热源,我们使用太阳能采暖板来实现这种用途。与光伏电池不同,太阳能采集板不产生电能。

当用于房屋采暖和烧水时,太阳能采集器能够达到的最高温度为

82℃。

采集板

太阳能采集板利用温室效应的原理工作。它吸收太阳的热量,并防止热量散失。通过这种过程,加热流体(水或空气)流过的管道,然后再加热罐体(交换器)。

保护层

由一块或几块玻璃板构成,它允许阳光穿过,同时能够保留采集板里积蓄的热量。

吸收板

包含管道系统,通常由铜制成,在采集板中被加热的流体在管道系统中流过。

保热板

采用反射材料制成,外表为黑色,尽可能地吸收太阳的热能。同时,由保护板防止任何热损耗的产生。

热水和热量循环

1　热液通过一个管路从采集器中流出。

2　热液进入换热器,在换热器中对室内用水进行加热。

3　水从换热器流出,其温度适于家庭使用或房屋采暖。

4　泵将冷却的液体送回采集器,在采集器中重复此循环过程。

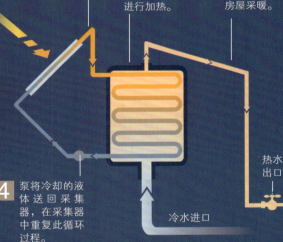

热水出口

冷水进口

其他应用

几乎在所有电力驱动的系统中,太阳能都能发挥重要作用,并且不污染环境。虽然,目前此项技术的成本比煤炭、天然气或石油更昂贵,但是这种成本差异很快就会改变。

航天

太阳能的应用已经扩展到太空探测器和卫星领域,现在,几乎所有航天器都配备了太阳能电池板。

交通运输

此应用仍面临巨大的挑战。迄今为止,人类已经研制了许多太阳能汽车的雏型,一些城市也开始尝试研制太阳能公共汽车。

电子

可应用于计算器、手表、收音机、手电筒等,几乎所有以电池为动力的设备都可使用太阳能供电。

风 能

利用风能驱动巨大的风力涡轮机（风车）发电，这是最有前景的可再生能源利用形式之一。风电是一种用之不竭的清洁型、无污染能源，其优点多于缺点。最大的缺点是我们不能精确预测风力和风向，以及成群的巨大风车塔体可能会对当地地貌产生负面影响。●

涡轮机

 涡轮机通过应用简单的机械齿轮技术，将风能转化为电能。

① 风
风推动风力涡轮机的叶片产生机械能，然后机械能又被转化为电能。

制动装置
当风速超过120千米/小时时，启动制动装置，防止对风力涡轮机造成损坏。

低速轴
低速轴旋转缓慢，约20~35转/分钟。

倍增器
通过齿轮变速，倍增器可以将高速轴的转速提高50倍。

高速轴
转速为1 500转/分钟左右，能够带动发电机运转。

发电机
将轴的机械能转化为电能。

计算机
控制风力涡轮机的状态及叶轮方向。

冷却系统
冷却系统用风扇冷却发电机，用油来冷却倍增器的润滑剂。

74 000兆瓦

这是全球的风电装机总功率。德国的风电装机能力最强，其次为西班牙和美国。

叶片

叶片是可以动的，还可以调整方向，最大限度利用风力。风太大时，叶片也可以调整方向，以便降低涡轮转速。

迎风时，叶片的形状使风在叶片的两个面之间形成压力差。叶片上的压力产生动力来转动转子。

② 电能
发电机产生的电能传入电缆，进入转化器。

风力涡轮机

▶ 现代化、巨大的风力涡轮机高度为45~60米，一般成组安装在多风、荒凉、人迹罕至的地区。最现代化的风力涡轮机的发电能力为500~2 000千瓦。

无障碍物的高地是安装风力涡轮机的理想场所，因为风可以不受阻碍地到达风力涡轮机而不产生紊流。

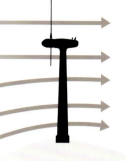

叶片
平均长度为40米。实践证明，3叶片转子效率最高。

风力涡轮机在风电场中成组分布，将来自一个地方的能量传输潜力予以最大化，其优点是降低成本，并减少对地貌环境的影响。

电的旅行

▶ 风电厂产生的电能可以和由其他来源产生的电能一起通过干线电网传输。

风力涡轮机

变压器将来自涡轮机的电压升高数千伏。

采集厂接收来自各个变压器的电能。

变电站收到来自采集厂的电能，将其电压升高几十万倍，传输到远方的城市。

周边城市直接从采集厂接收到电能。

3 电网
电能离开风电场后，汇入干线配电网络。

 4 家庭
电能进入居民配电网络，然后进入千家万户。

生物燃料

目前看来，添加了从粮食（如玉米）中提纯的酒精（乙醇）的汽油和柴油，将成为应对地球石油储量终将枯竭以及全球市场矿物燃料成本高昂等问题的越来越可行的解决方案。不过，这种类型的能源也面临新的挑战。环境方面需要考虑的一个问题是，生物燃料的大量开发可能导致丛林和森林被单一作物（原料作物）的种植所替代。 ●

乙醇

▷ 乙醇就是家庭医药柜中的酒精，它可以以纯净形式作为燃料使用，或者与汽油按不同比例混合使用。酒精的纯度越高，其使用对发动机的改造要求就越高。常见的两种混合燃料为E10和E85，其乙醇含量分别为10%和85%。

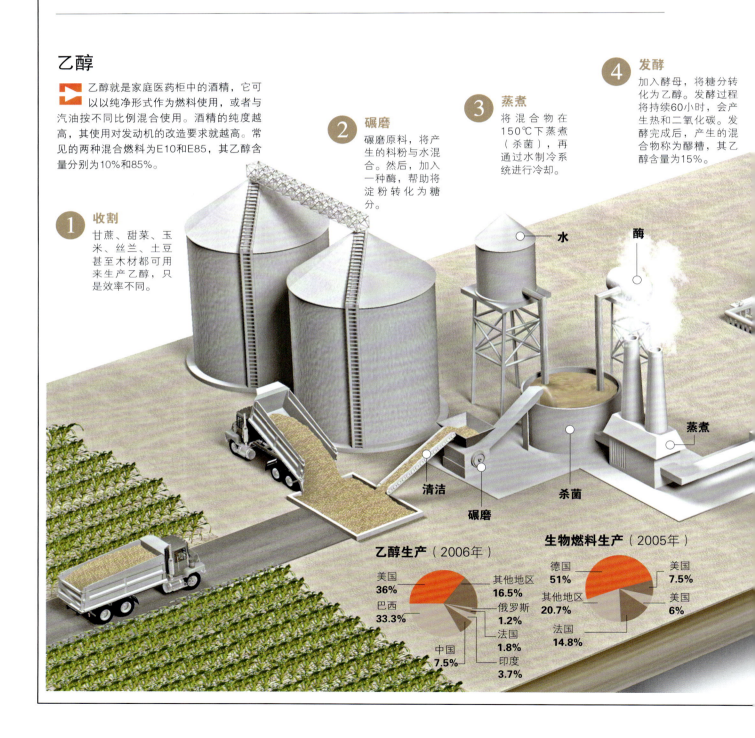

4 发酵
加入酵母，将糖分转化为乙醇。发酵过程将持续60小时，会产生热和二氧化碳。发酵完成后，产生的混合物称为醪糟，其乙醇含量为15%。

3 蒸煮
将混合物在150℃下蒸煮（杀菌），再通过水制冷系统进行冷却。

2 碾磨
碾磨原料，将产生的料粉与水混合。然后，加入一种酶，帮助将淀粉转化为糖分。

1 收割
甘蔗、甜菜、玉米、丝兰、土豆甚至木材都可用来生产乙醇，只是效率不同。

水

酶

蒸煮

清洁

碾磨

杀菌

乙醇生产（2006年）
美国 36%
巴西 33.3%
其他地区 16.5%
俄罗斯 1.2%
法国 1.8%
印度 3.7%
中国 7.5%

生物燃料生产（2005年）
德国 51%
其他地区 20.7%
法国 14.8%
美国 7.5%
美国 6%

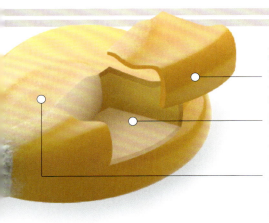

玉米粒

外壳
保护种子免受水、昆虫和各种微生物的破坏。

胚乳
占干燥玉米粒重量的70%，含淀粉。淀粉是用于生产乙醇的物质。

玉米芽
是玉米粒中最有价值的、唯一有生命的物质。除了含有基因物质、多种维生素和矿物质外，还含有25%的油。

副产品

乙醇生产过程中会产生副产品。干冰可用于生产软饮料；酒糟是一种营养成分很高的残渣，可用来喂牛。

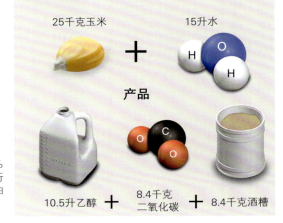

25千克玉米　　　　　15升水

产品

10.5升乙醇　＋　8.4千克二氧化碳　＋　8.4千克酒糟

5　蒸馏
首先通过蒸发对混合物进行蒸馏，获得96%的纯净乙醇。然后，通过分子过滤过程进行蒸馏，产生几乎完全纯净的乙醇。5%汽油混合物被用于交通运输。

6　用途
将不同比例的乙醇加入汽油，用于各种运输工具。使用乙醇含量为10%~30%的汽油不需要对发动机进行特别的改造。

酵母

二氧化碳集气器

汽油

发酵仓

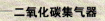

蒸馏

致冷

70%

巴西和美国生产了世界上70%的乙醇。在巴西，使用甘蔗生产乙醇，而在美国，使用玉米生产乙醇。

生物分解物

当厌氧菌（不需要氧气就能存活的细菌）通过腐烂或发酵过程分解有机物时，会释放出生物气体，这些气体可以用做采暖和发电的能源。厌氧菌还会产生营养价值很高的污泥，可以用于农业或渔业生产。此项技术可用作为农村和偏远地区提供后备能源，具有广阔的前景。除了满足这些地区的能源需求外，该技术还有助于有机废物的循环利用。●

反应器

▷ 是一个密闭室，细菌在此密闭室内分解垃圾。分解产生的气体（称为沼气）和肥沃的污泥被收集起来，供以后使用。

2 分解室
是细菌发酵垃圾的地方，产生气体和肥沃的污泥。

3 沼气
是该过程的产物，含有甲烷和二氧化碳，可用于煮饭、采暖和发电。

4 肥沃的污泥
污泥富含多种营养成分，无气味，是一种理想的农业肥料。

1 垃圾
有机废物被送入反应器，与水混合。

气室
建于地下，可使用混凝土、砖或石作为其内衬。

沼气

病原体

实验室检测证明，生物分解过程能杀死有机废物中多达85%的有害病原体，否则，这些病原体将释放到环境中。

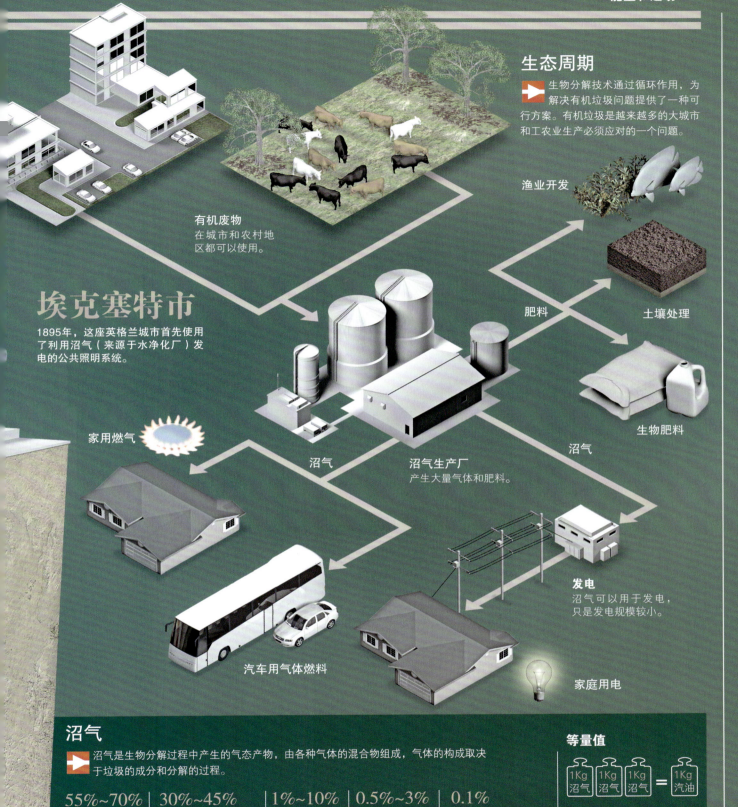

生态周期

生物分解技术通过循环作用，为解决有机垃圾问题提供了一种可行方案。有机垃圾是越来越多的大城市和工农业生产必须应对的一个问题。

渔业开发

肥料

土壤处理

生物肥料

埃克塞特市

1895年，这座英格兰城市首先使用了利用沼气（来源于水净化厂）发电的公共照明系统。

有机废物
在城市和农村地区都可以使用。

家用燃气

沼气

沼气生产厂
产生大量气体和肥料。

沼气

发电
沼气可以用于发电，只是发电规模较小。

汽车用气体燃料

家庭用电

沼气

沼气是生物分解过程中产生的气态产物，由各种气体的混合物组成，气体的构成取决于垃圾的成分和分解的过程。

55%~70%	30%~45%	1%~10%	0.5%~3%	0.1%
甲烷（CH$_4$）	二氧化碳（CO$_2$）	氢（H$_2$）	氮（N$_2$）	硫化氢（H$_2$S）
沼气中产生能量的成分。	温室气体，对于某些特定应用，必须将其从沼气中消除。	存在于空气中的气体。	存在于空气中的气体。	腐蚀性和高污染物质，必须消除。

等量值

1Kg 沼气　1Kg 沼气　1Kg 沼气　＝　1Kg 汽油

从3千克沼气中可以获得从1千克汽油中所能获得的能量。

地热能

地热是最清洁和最有前景的能源之一。一百多年前，第一家地热发电厂就开始运营。地热发电厂利用地球内部的热量进行发电。不过，地热发电厂也会受到一些因素限制，例如，必须建设在火山活动活跃的地区。而一旦火山活动降低，建在火山区的地热厂随时可能倒闭。●

地热层的类型

地热层按其温度和所提供的资源（水或蒸汽）分类。

°F
```
700
660
600
550
500
450
400
350
300
250
200
176
100
32
0
```

干蒸汽地热层
干蒸汽地热层效率最高，但也最不常见，可以产生高温高压蒸汽。

高温地热层
地热层中热水的温度越高，发电厂的效率就越高。中一高温地热层需要建设双循环发电厂。

低温地热层
温度低于80℃，用于满足家庭需求，例如采暖或农产品生产。

地热发电厂的类型

所有的地热发电厂并不都一样，它们的特点取决于其提取地热资源的地热层的类型。

干蒸汽发电
一些地热层直接产生温度非常高的蒸汽，可直接用于发电。因为不需要把水转化为蒸汽，这种类型的发电厂可以节省一

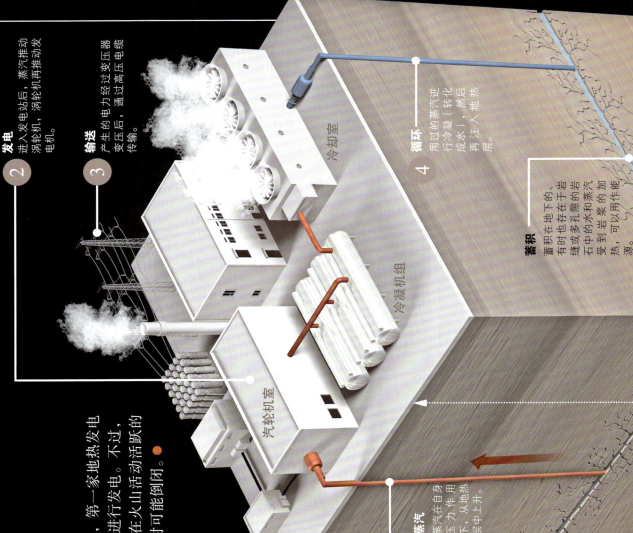

连接发电机的轴

2 发电
进入发电站后，蒸汽推动涡轮机，涡轮机再推动发电机。

3 输送
产生的电力经过变压器变压后，通过高压电缆传输。

4 循环
用过的蒸汽进行冷凝（转化成水），然后再注入地热层。

蓄积
蓄积在地下的、有时也存在于岩缝或多孔隙的岩石中的水和岩浆的加热，可以用作能源。

冷却室

冷凝机组

汽轮机室

1 蒸汽
蒸汽在自身作用压力下，从地热层中上升。

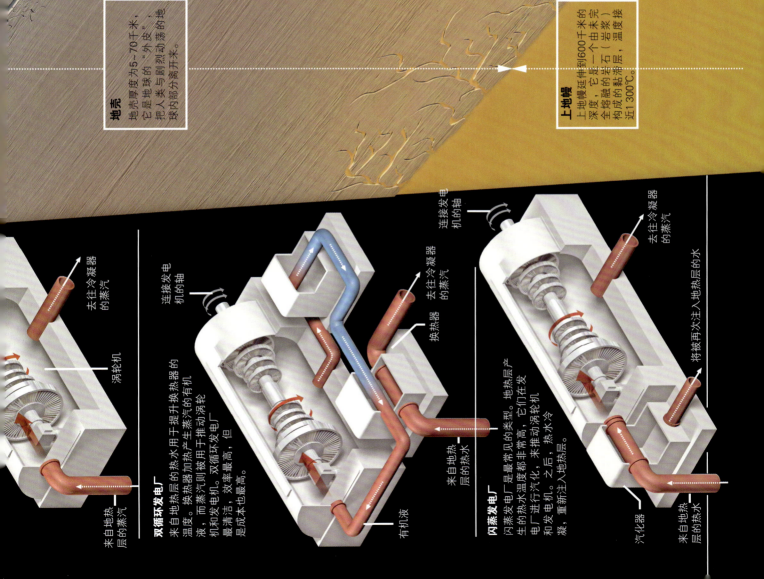

9 000兆瓦
这是全球地热发电的总功率。美国的地热发电量世界第一，其次为菲律宾。

裂缝与裂纹
来自地幔中的岩浆上升，穿过地壳中的裂缝与裂纹，加热了岩石，岩石又加热了岩石中的水。

地壳
地壳厚度为5~70千米，它是地球的"外皮"，把人类与剧动荡的地球内部分离开来。

上地幔
上地幔延伸到600千米的深度，它是一个由未完全熔融的岩石（岩浆）构成的黏滞层，温度接近1 300℃。

去往冷凝器的蒸汽

涡轮机

来自地热层的蒸汽

双循环发电厂
来自地热层的热水用于提升换热器的温度。换热器加热产生蒸汽的有机液，而蒸汽则被用于推动涡轮机和发电机。双循环发电厂最清洁，效率最高，但是成本也最高。

连接发电机的轴

去往冷凝器的蒸汽

换热器

有机液

来自地热层的热水

连接发电机的轴

去往冷凝器的蒸汽

将被再次注入地热层的水

汽化器

来自地热层的热水

闪蒸发电厂
闪蒸发电厂是最常见的类型。地热层产生的热水温度都非常高，它们在发电厂进行汽化，来推动涡轮机和发电机，之后，热水冷凝，重新注入地热层。

潮汐能

潮汐变化和海浪的力量蕴涵了巨大的发电潜能，同时利用这种能量又不会像矿物燃料那样向大气中排放污染气体和耗尽资源。潮汐发电厂类似于水电厂，建有拦水坝（在两侧海岸之间，横跨入海口）和发电站，发电站中设有发电用的涡轮机和发电机。●

水闸
涨潮时，打开水闸，放入海水，然后关闭水闸，防止海水流出。

潮汐

由于月球对地球的引力牵引作用，海潮每天涨落两次。

○ 月球

涨潮
月球吸引海水，形成涨潮。

潮汐幅值
为了高效发电，涨潮和落潮之间的差值至少要达到4米。这个差值决定了可建潮汐发电站地点是有限的。

落潮
当月球到达地球的另一侧时，形成退潮。

水闸
在发电过程中，水闸调节通过涡轮机的水量。

涡轮机
水流推动涡轮机旋转，涡轮机推动发电机产生电能。

坝基
采用混凝土坝基，防止水流对地形产生侵蚀。

12小时25分钟

两次涨潮或两次落潮之间大约间隔12小时25分钟，这主要取决于地理位置，有时也取决于其他因素，如风和洋流。

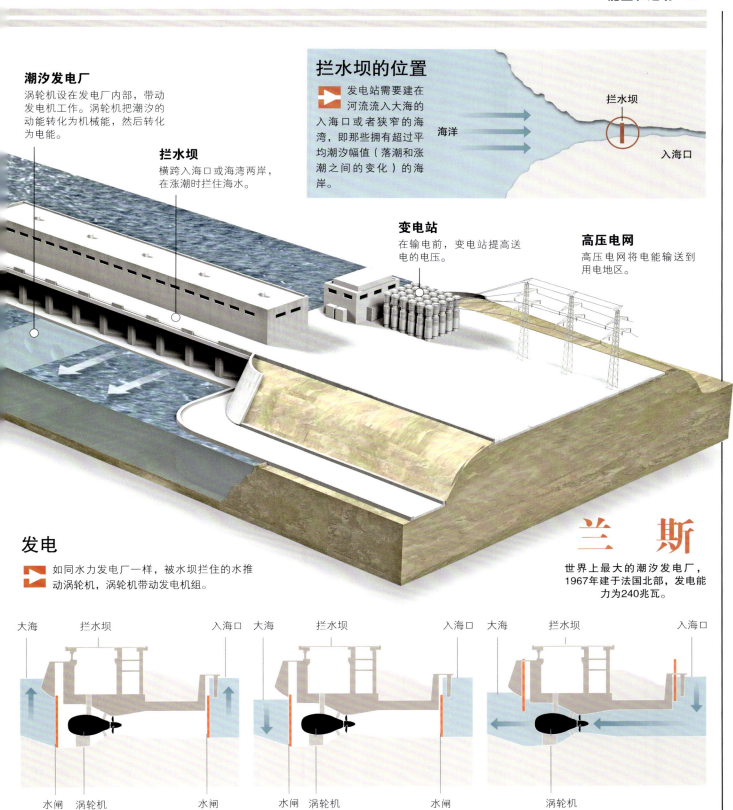

潮汐发电厂
涡轮机设在发电厂内部，带动发电机工作。涡轮机把潮汐的动能转化为机械能，然后转化为电能。

拦水坝
横跨入海口或海湾两岸，在涨潮时拦住海水。

拦水坝的位置
发电站需要建在河流流入大海的入海口或者狭窄的海湾，即那些拥有超过平均潮汐幅值（落潮和涨潮之间的变化）的海岸。

海洋

拦水坝

入海口

变电站
在输电前，变电站提高送电的电压。

高压电网
高压电网将电能输送到用电地区。

发电
如同水力发电厂一样，被水坝拦住的水推动涡轮机，涡轮机带动发电机组。

兰　斯
世界上最大的潮汐发电厂，1967年建于法国北部，发电能力为240兆瓦。

大海　拦水坝　入海口　　大海　拦水坝　入海口　　大海　拦水坝　入海口

水闸　涡轮机　水闸　　水闸　涡轮机　水闸　　涡轮机

1 涨潮
涨潮期间，入海口水位上升，开启水闸，进水。

2 蓄水
一旦涨潮结束，入海口处水位开始下降，关闭水闸，防止拦住的水流出。

3 发电
落潮期间，放出之前拦住的水，水流推动涡轮机，涡轮机带动发电机组。

氢

有些人认为氢是未来能源，并且预测，短期内氢将替代矿物燃料，获得广泛应用。氢与氧结合会释放出能量，这种能量可用来进行发电。氢基能源的优点是污染极低（副产品是水蒸气）并且无穷无尽（可以循环和再次使用），它的缺点包括纯净氢气操作过程中固有的复杂性，成本高，而且大规模的氢气转化可能要使用以石油为燃料的发动机和系统。●

燃料电池

燃料电池利用氢和氧化学反应过程中所释放出来的能量产生电能。引擎则将电能转换为机械能。

燃料电池系统

200
汽车发动机一般需要200块氢电池。

循环板
氢和氧通过各自循环板上的通道进行循环，循环板位于电解膜的两侧。

冷却单元
冷却单元应进行致冷，因为电池内发生的反应会产生热量。

隔离物

循环板

阴极
与氧原子接触的电极，也是水蒸气形成的地方。

0.7伏
单个燃料电池产生的电压是0.7伏，这个电压只能勉强点亮一个灯泡，不过，可以通过将几十个或几百个电池连接起来以提高电压。

阳极
与氢原子接触的电极。

催化剂
将氢原子核与其电子分开。

催化剂

电解质
电解质是氢原子核在到达阴极前经过的单元，但电子不能通行，它们通过外部回路（电路）流过。

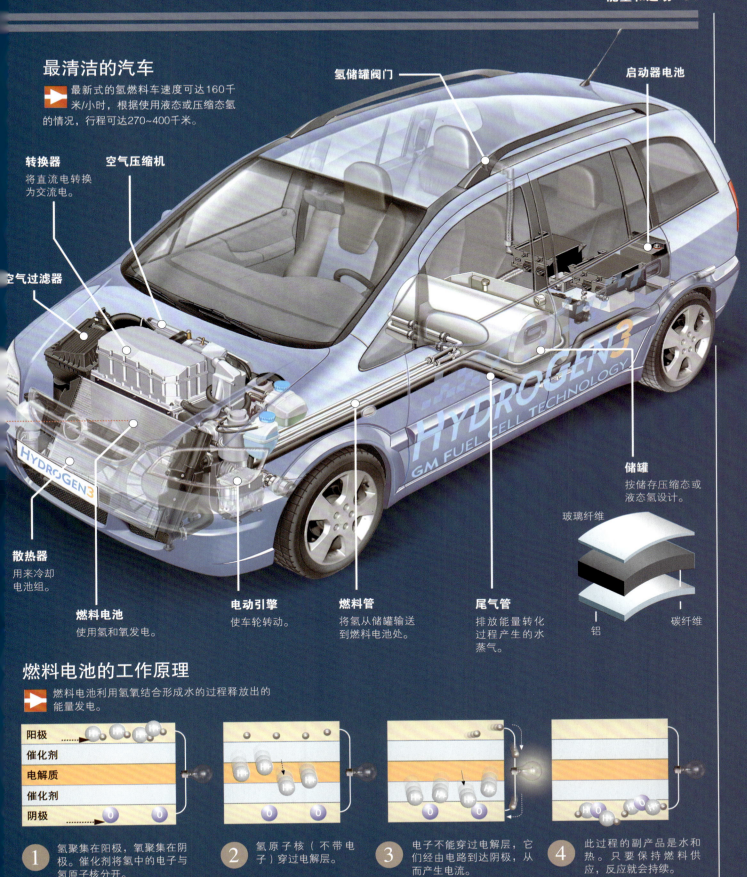

最清洁的汽车

最新式的氢燃料车速度可达160千米/小时，根据使用液态或压缩态氢的情况，行程可达270~400千米。

氢储罐阀门

启动器电池

转换器
将直流电转换为交流电。

空气压缩机

空气过滤器

散热器
用来冷却电池组。

燃料电池
使用氢和氧发电。

电动引擎
使车轮转动。

燃料管
将氢从储罐输送到燃料电池处。

尾气管
排放能量转化过程产生的水蒸气。

储罐
按存压缩态或液态氢设计。

玻璃纤维

铝　　碳纤维

燃料电池的工作原理

燃料电池利用氢氧结合形成水的过程释放出的能量发电。

阳极
催化剂
电解质
催化剂
阴极

1 氢聚集在阳极，氧聚集在阴极。催化剂将氢中的电子与氢原子核分开。

2 氢原子核（不带电子）穿过电解层。

3 电子不能穿过电解层，它们经由电路到达阴极，从而产生电流。

4 此过程的副产品是水和热。只要保持燃料供应，反应就会持续。

术　语

安培

电流单位，国际单位制中的基本单位之一，用字母A表示。它是真空状态下，截面积可忽略的两根相距1米且无限长的平行圆直导线内流动的平稳电流，在电线中间可产生2×10^{-7}牛顿/米的力。

保险丝

安装在电力装置中的一种容易熔断的金属丝或金属条。保险丝熔断是为了中断过量电流。

比特

计算机里的信息以二进制数字（比特）存储。

丙烷

丙烷是一种无色无嗅气体，属于脂肪族烃，化学分子式为C_3H_8，主要用作燃料。化学工业中，它是丙烯合成的原始产品。丙烷还可用作制冷剂气体和气溶胶喷射剂。

波动

将某一点在介质中的微扰传播到此介质中远处各点的运动，此运动仅传输能量而不传输物质。

超材料

在纳米级水平上处理和加工的材料，能够具有在天然状态下不存在的性能。

齿轮

啮合在一起的带齿的轮子的总称，或者带齿的轮子配有链条将回转运动从一个驱动轴传到另一个轴。最常见的类型有柱齿轮、链齿轮、伞齿轮、斜齿轮、蜗轮和齿条小齿轮。

磁偏角

指地理上的北极和地磁北极之间存在的差角，一般用度表示。

催化剂

能够加快或减缓化学反应速度，并且在该化学反应过程中自身不被消耗的物质。

等离子体

高温状态下气体中的原子发生离析，电子从原子核中分离出来。

地热能

由地下热水或蒸汽上升释放出来的能量，类似于热水锅炉。

电

正负带电粒子在静止或运动状态下产生的现象。电学是物理学分支，研究各种电现象。

电导体

当与带电物体接触时，能将电传输到其表面各点的物体。

电动机

将电能转化为机械能的机器，可以由直流电或交流电供电。

电解池

利用电流分解电离物质亦即电解质的设备。电解质可以是酸、碱或盐。电解电池中发生的离析或分解过程，称为电解。

电阻系数

在一定温度下，导体中与电流流向相反的阻力。它是电导率的倒数。

动力学

在物理学中，动力学是机械学的分支，研究受外力作用的物体的运动。

动能

运动中物体的能量。

对流

对流是热传递的三种形式之一，特点是在不同温度下，物体会发生位移。对流只在流体间产生。当流体被加热时，密度会变低，并膨胀上升。上升时，其位置又被较低温度的流体替代，较低温度的流体也依次被加热，这样，这种循环就反复进行。

发电机

利用机械能产生电能的机器。

风能

通过转动轴带动机器或电力发电机，将风的动能转化为机械能所获得的能量。

伏特

当1安培电流做1瓦特功时，沿着导体长度产生的电势差。它还可以定义为诸如"将1库伦电荷从一点移动到另一点需要耗1焦耳功"时该两点之间的电势差。

伽马射线

放射性元素通过亚原子过程（如正电子—电子对的湮没）产生的电磁辐射，或在各种强烈天体物理现象中产生的电磁辐射。伽马射线是一种电离辐射，因为能量高，能够深深地穿透物质，并对细胞核产生严重伤害。

感应

暴露于可变磁场中的介质、物体，或相对于静态磁场的运动介质会产生电动势（电压）的现象。如果该物体是导体，就会产生感应电流。迈克尔·法拉第描述了这一现象，他认为，感应电压的量值与磁场磁差成一定的比例。

杠杆

最简单的机械之一。一根杠杆利用一个支点将力放大，使用相对较小的力量就能提起重物。

氦

一种化学元素，原子序号是2，元素符号是He。它具有惰性气体的特性：不活泼（不易发生化学反应）、单原子、无色、无味。所有化学元素中，氦的蒸发点最低，只有在非常高的压力下才能固化。在一些天然气矿中，氦大量存在，足够开采利用。氦可用于填充气球或小型飞艇，或作为低温超导材料的液体制冷剂，以及用作深海潜水用呼吸气体混合物的组成成分。

核裂变

当原子核分裂成两个或多个更小的核子时，就产生了核裂变。核裂变产生几种其他产品，如自由中子和光子。核裂变过程释放大量的能量，通常是以伽马射线的形式释放。可以通过几种方法来诱导核裂变，包括使用另一种能量适中的粒子，通常是自由中子，来轰击可裂变原子的原子核。原子核吸收了这个粒子，变得不稳定。此过程产生的能量比化学反应释放的能量大许多。能量以伽马射线和产生核子、中子的动能等形式释放出来。

核能

核反应产生的能量，例如铀原子或钚原子裂变。

赫兹

频率测量单位。1赫兹相当于1个波形在1秒钟内的完整周期。

碱

在水溶液中，会向介质释放出氢氧根离子的物质。常说的pH值概念既用于酸，也用于碱。

碱金属

指那些容易与卤素发生反应形成离子盐，与水反应形成强碱性氢氧化物的低密度、有颜色的软金属。它们的价电子层中仅有1个电子，这个电子易于失去，形成单电荷离子。

键

构成化合物的各原子之间的联接，或者将两种化学物质联接在一起的力。

交流发电机

交流发电机是一种利用电磁感应产生交流电流、把机械能转化为电能的机器。交流发电机的原理是，电压在受到可变磁场作用的导体中发生感应，电压的极性取决于磁场的方向和通过导体的磁通量的量值。交流发电机由两个基本部分组成：感应器，产生磁场；导体，切割磁力线。

焦耳

能量和做功的单位，定义是用1牛顿力使物体产生1米位移所做的功。焦耳也表示为1瓦特秒，在电学上，焦耳是1伏特的电位差和1安培的电流在1秒内所做的功。

聚合体

成千上万个较小分子通过一种被称为聚合的过程连接而成的长链。

聚亚安酯

聚亚安酯是一种塑料材料，用于生产许多高性能合成漆（如汽车漆和地板着色剂）、泡沫和弹性材料。聚亚安酯燃烧会生成多种氢氰化合物，对人体危害很大。

可熔性

物体通过加热可以从固体变成液体的属性。

空气动力学

空气动力学是流体力学的分支，研究当固体物质和周围流体之间存在相对运动时，它们之间的相互作用。要解决空气动力学的问题，通常需要计算流体的各项指标，例如，速度、压力、密度和温度，这些指标构成了物体在一定时间内所处位置的函数。

库仑

1安培电流1秒钟内所传送的电荷量。1库仑等于1个电子携带电荷量的6.28×10^{18}倍。

煤

有机矿物质，黑色，可燃。通常位于页岩层之下，沙砾层之上。一般认为，大部分煤形成于石炭纪（2.99亿~3.59亿年前）。

纳米管

中空的圆柱形管，约2纳米厚，由碳原子构成。

牛顿

力的单位，定义是质量为1千克的物体获得1米/秒^{2}的加速度所需要的力。因为重量是重力施加在地球上的力，所以，牛顿也是重量单位。1千克质量的物体的重量为9.81牛顿。

气球

一种飞行设备，配有一个乘客舱和一个由轻质、密封材料制作的气囊。气囊近似于球形，当对其填充比空气密度低的气体时，会产生比气球重量大的上升力量。

氢

一种化学元素，原子序号为1，元素符号是H。室温状态下，它是一种无色、无嗅的可燃气体。氢是宇宙中最轻、最为丰富的化学元素。大多数星体在其大部分生命周期中，都是由离子态的氢构成的。此外，许多物质中也含有氢，包括水和多种有机化合物。氢能够与大多数元素发生反应。

热力学

物理学的分支学科，研究能量如何被转化为多种表现形式（如热量）以及能量做功的能力。它与统计力学关系密切，从热力学中可以衍生出许多热动力关系。热力学在宏观层面上研究物理体系，而统计力学则趋向于在微观层面上进行表述。

水能

湖泊或水库中的水具有的势能。

水下测音器

一种电声转换器，用于水或其他液体中，类似于在空气中使用麦克风。水下测音器也可用作发射器，但不是所有的水下测音器都有此功能。地质学家和地球物理学家使用水下测音器监测地震活动情况。

酸

指这样一种化合物，当其溶解于水中时，产生的溶液的pH小于7。

太阳能

使用光伏电池，将太阳辐射能转化为电能所获得的能量。

太阳能电池

利用太阳辐射产生电能的光伏电池。

天然气

一种含热量高的气体，由轻质碳氢化合物组成，如甲烷、乙烷、丙烷和丁烷。

同素异形现象

指某些化学元素呈现不同的分子结构的一种属性，例如，氧能够以氧气（O_2）或臭氧（O_3）的形式存在。还有其他例子，如磷能够以红磷或白磷（P_4）的形式存在；碳能够以石墨或金刚石的形式存在。一种元素被称为同素异形体的条件是，该元素的不同分子结构必须在相同的物理状态下存在。

同位素

在元素周期表上，一个化学元素的所有同位素都分配在同一个位置上。同位素用元素名称后加质量数表示，通常用连字符隔开（如碳–14，铀–238等）。如果质子和中子之间的数量关系无益于原子核的稳定，则此同位素是放射性同位素。

推进

当力作用在物体上时物体被赋予的运动，也指物体在流体中产生的位移，尤其是指在太空中的自推进。

瓦特

功的单位，相当于1焦耳/秒。如用电的单位表示，则是1伏特的电势差与1安培电流所做的功。

涡轮机

把流体流动的能量转化为机械能或电能的机器。

温盐循环

在物理海洋学中，温盐环流指影响全球海洋水团的对流循环。在热量从热带向两极的净流动中，温盐环流起到非常重要的作用。

线圈

导体上各种不同数量的缠绕导线的总称，一般围绕圆柱形芯体缠绕。

硝化甘油

一种剧烈、不稳定的爆炸物，呈油状、无嗅、重于水。当与吸收剂结合时，就成了炸药。医学上，硝化甘油用作血管扩张药物，治疗冠状动脉缺血、急性心肌梗死和充血性心力衰竭，经由皮肤吸收、舌下给药或静脉注射的方法进行使用。

阳极

电解电池的正极，在电解液中，负离子向阳极移动。因此，负离子也称为阴离子。对于真空管、电源、电池等来说，阳极是电位较高的电极或端子。

液压泵

利用水的动能将液体提升到较高位置的装置。液压泵有两种：柱塞泵和离心泵。

液压马达

从液体能量中产生出机械能的发动机。

液压涡轮

利用流动的水的能量转动的涡轮。

阴极

电解电池的负极，在电解液中，正离子（或称阳离子）向阴极移动。

引力

两个有质量的物体之间存在的相互吸引的力。它是自然界中已知的四种基本作用力之一。就普通常用语来说，引力对物体的作用与重量的概念相关。

原子弹

通过原子裂变过程释放出大量能量从而产生巨大破坏力的炸弹。

沼气

沼气是生物分解的气态副产品，由各种气体混合物组成，混合物中各种气体的比例取决于垃圾的成分和分解过程的生成物。

折射

光线从一种介质进入另一种介质时，由于速度发生变化而引起的光线偏移现象。

真空泵

用于从空间中抽取空气和各种不凝结气体从而将空间压力降低到大气压之下的压缩机。

振动运动

一种周期性的振荡运动，其中物体在平衡点附近来回运动。

直流发电机

将机械能转化为电能的直流发电机。

质量

通常定义为一个物体中存在的物质的数量。

质子

带1个正电荷的亚原子粒子，其质量是电子的1 836倍。粒子物理学的一些理论推测，虽然质子很稳定，但也会衰变，半衰期的下限约为10^{35}年。质子与中子统称核子，它们构成原子核。

中子

重型亚原子颗粒，不带电荷，质量大约与质子相同。

重子

重子是由3个夸克组成的强子，这3个夸克通过强大的原子核相互作用黏合在一起。质子和中子都属于重子。

索 引